# 二氧化碳泡沫压裂技术理论与实践

王晓泉 王振铎 王 芳 卢拥军 著

石油工业出版社

## 内 容 提 要

本书介绍了二氧化碳泡沫压裂技术的特点、发展历程、未来发展方向以及其基础理论、压裂液体系，压裂优化设计方案等内容，并列举了油田现场应用实例。目前尚未见到同类专业图书，现阶段储层改造已逐步成为油田开发的常用手段，本书的出版会带动二氧化碳泡沫压裂技术的发展与交流借鉴，能为开发领域从事压裂相关的科研人员，技术人员提供参考。

**图书在版编目（CIP）数据**

二氧化碳泡沫压裂技术理论与实践/王晓泉等著.
北京：石油工业出版社，2016.1
ISBN 978-7-5183-0995-5

Ⅰ. 二…
Ⅱ. 王…
Ⅲ. 二氧化碳-应用-泡沫压裂-研究
Ⅳ. TE357.29

中国版本图书馆 CIP 数据核字（2015）第 281323 号

出版发行：石油工业出版社
　　　　　（北京安定门外安华里 2 区 1 号　100011）
　　　　网　　址：www.petropub.com
　　　　编辑部：（010）64523562
　　　　图书营销中心：（010）64523633
经　　销：全国新华书店
印　　刷：北京中石油彩色印刷有限责任公司

2016 年 1 月第 1 版　2016 年 1 月第 1 次印刷
787×1092 毫米　开本：1/16　印张：8.5
字数：217 千字

定价：60.00 元
（如出现印装质量问题，我社图书营销中心负责调换）
版权所有，翻印必究

# 序 xu

近年来，水平井分段压裂改造技术及工厂化作业的突破和大规模应用促进了北美地区页岩气的快速发展，美国页岩气产量从2006年的$311×10^8 m^3$跨越式增长到2014年的$3808×10^8 m^3$，页岩气占天然气总产量的比例由5.9%快速跃升至42.9%，给美国经济乃至国际能源市场带来了巨大活力，改变了全球天然气供需格局。北美地区页岩气成功开发的经验表明，水平井分段压裂加上工厂化作业模式已经成为非常规油气藏实现有效开发的关键，正在引领全球油气资源勘探开发的重大变革。

据报道，我国页岩气可采资源潜力储量为$25.08×10^{12} m^3$，自2005年启动页岩气基础工作、2009年钻探第一口页岩气探井以来，通过政府和企业的多方努力，2012年产气$2500×10^4 m^3$，2013年产气$2×10^8 m^3$，2014年达到$13×10^8 m^3$，有望近期达到或超过$65×10^8 m^3$的规划目标，目前，已建成长宁—威远、昭通、涪陵、延长四个国家级页岩气示范区，增长速度很快。

然而，页岩气压裂一般采用活性水作为压裂液，施工用水量大，压裂一口水平井（按15段计算）平均用水量为$(2~3)×10^4 m^3$，压裂一个水平井组（按8口水平井计算）平均用水量约为$(16~24)×10^4 m^3$。因此，开发页岩气需要耗费大量水，必须从战略的高度引起重视，全力倡导页岩气开发绿色和环保新理念，推进多领域发展无水或少水的页岩气水平井分段改造技术体系，才能促进我国页岩气勘探开发事业的可持续发展。

二氧化碳泡沫压裂技术具有用水量少（比常规水压裂减少 60%~80%）、压后排液能力强、对储层伤害低等特点，若能进一步降低成本，将其与页岩气体积压裂技术和理念进行有机结合，推动其在页岩气水平井分段压裂施工中的规模应用，必将成为我国页岩气勘探开发实践中的增产利器，促进我国非常规油气产业绿色、快速、可持续发展！

中国工程院院士

# 前言
QIANYAN

随着石油天然气勘探开发技术的不断进步和油气资源的开发利用，国内外低渗透（致密）气藏压裂改造技术已经成为此类气藏高效开发的有效手段。早在 2000 年，我国鄂尔多斯盆地苏里格气田、四川须家河气田相继开展了低渗透（致密）气藏压裂技术的研究和试验，并取得了一些进展，但与国外相比还有一定差距。增产效果距低渗透（致密）气藏有效勘探开发目标要求相差甚远，迫切需要针对低渗透（致密）气藏的地质特征提高压裂技术水平。

为了实现我国"西气东输"发展规划，加快鄂尔多斯盆地天然气的勘探开发步伐，中国石油天然气集团公司组织中国石油勘探开发研究院廊坊分院、中国石油长庆油田公司等单位，相继开展了"低渗透砂岩气藏压裂增产改造技术研究"、"低渗透油气田二氧化碳泡沫压裂试验研究"、"提高低丰度气藏单井产量技术"等重点项目的攻关研究，为了提高压后返排率、降低储层伤害，二氧化碳泡沫压裂技术被作为一项关键技术进行重点攻关与试验，形成的研究成果可以指导我国低渗透（致密）气藏的经济有效开发。

近年来，北美地区特别是美国的页岩气技术革命，掀起了页岩气勘探开发的高潮。我国政府和相关油气公司着眼长远战略，密切跟踪国外先进的勘探开发技术，从 2009 年起相继开展了页岩气资源潜力评价及有利区带优选、页岩气勘探开发示范区建设，并将页岩气设置为独立矿种，进行了两轮页岩气勘察区块招标，取得了大量有效勘探开发成果。截至 2014 年底，页岩气水平井单井开发成本作业费从最初的 1 亿元作业费下降到（6000~8000）万元，钻井周期从最初的 150d 减少到 70d，累计投资约 230 亿元，获得三级地质储量近 $5000\times10^8\mathrm{m}^3$，探明地质储量 $1067.5\times10^8\mathrm{m}^3$，建成产能 $32\times10^8\mathrm{m}^3$。但同时也面临大规模体积压裂需耗费大量水资源等瓶颈问题，现重提二氧化碳泡沫压裂技术，就是从多角度出发以减少压裂用水量、抑制页岩黏土膨胀为目标，在保证压裂规模并提高压裂效果的前提下大规模减少水资源的使用量，必将在页岩气绿色勘探开发史上写下崭新篇章。

全书共分为五章，分别介绍了二氧化碳泡沫压裂技术的概况、理论基础、压裂液体系、压裂优化设计方案及现场应用实例，重点突出了二氧化碳泡沫压裂技术的技术原理、工艺设计与现场应用，具有很强的实用性和指导性，可作为从事油气田开发工程技术人员工作中的参考用书。

本书编写过程中，得到胡文瑞、刘玉章、陈彦东、丛连铸等同志的鼎力支持；在项目攻关研究和实施过程中，得到赵政璋、吴奇、费安琦、郑新权、张绍礼、何自新、金忠臣、唐瑞林、慕立俊、李宪文、雷群、单文文、丁云宏、陈作等同志的关心和指导。在此一并表示衷心的感谢。

鉴于笔者水平有限，书中难免有差错与不足之处，敬请读者提出宝贵意见。

# 目录

## 第一章 绪论 (1)
### 第一节 二氧化碳泡沫压裂技术特点 (1)
### 第二节 二氧化碳泡沫压裂技术的发展历程 (1)
### 第三节 二氧化碳泡沫压裂技术的发展展望 (8)

## 第二章 二氧化碳泡沫压裂技术的理论基础 (10)
### 第一节 泡沫压裂的基本原理及特征 (10)
### 第二节 二氧化碳泡沫压裂液特征 (14)
### 第三节 温度场及二氧化碳发泡条件分析 (16)
### 第四节 二氧化碳泡沫压裂技术的适应性分析 (21)

## 第三章 二氧化碳泡沫压裂液体系 (28)
### 第一节 压裂工艺对二氧化碳泡沫压裂液的要求 (28)
### 第二节 酸性交联剂及添加剂优选 (28)
### 第三节 二氧化碳泡沫压裂液配方优化及性能 (36)

## 第四章 二氧化碳泡沫压裂优化设计 (56)
### 第一节 二氧化碳泡沫压裂工程实验 (56)
### 第二节 二氧化碳泡沫压裂技术的油气藏模拟研究 (71)
### 第三节 二氧化碳泡沫压裂技术的工程条件分析 (86)
### 第四节 二氧化碳泡沫压裂方案优化设计 (89)
### 第五节 二氧化碳泡沫压裂现场技术要求 (96)

## 第五章 二氧化碳泡沫压裂技术的现场应用 (98)
### 第一节 低压油井二氧化碳泡沫压裂先导试验 (98)
### 第二节 低压气井二氧化碳泡沫压裂试验 (107)
### 第三节 二氧化碳泡沫压裂试验评估分析 (121)

## 参考文献 (126)

# 第一章 绪 论

我国的低渗透（致密）气藏绝大多数都须经过压裂改造，才可能达到工业气流标准。然而，这些气藏都具有气层压力系数较低、水锁伤害较严重等特性，对外来流体敏感，在压裂施工过程中，常规水基压裂液由于压后返排较困难，导致外来流体滤失进入地层带来严重的储层伤害，直接影响到压后天然气的产能。二氧化碳泡沫压裂技术可以减少水基压裂液的用液量、控制液体滤失、提高压裂液效率，为压后工作液返排提供了气体驱替作用，从而可提高压后返排率、降低压裂液对储层的伤害，可进一步提高低渗透气藏增产改造效果，近年来广泛应用于低压、水敏（水锁）气藏的增产改造中。

## 第一节 二氧化碳泡沫压裂技术特点

二氧化碳泡沫压裂具有以下优点：为压后工作液返排提供了气体驱替作用；气态的二氧化碳能控制液体滤失，提高压裂液效率；减少了水基压裂液的用液量；二氧化碳与水反应生成碳酸，有效地降低了压裂液系统的总 pH 值，降低了压裂液对储层基质的伤害；降低了压裂液的表面张力，有助于压裂液的迅速返排等。

我国广泛分布低渗透（致密）气藏，研究并应用二氧化碳泡沫压裂技术是探索我国低渗透油气藏特别是低渗透（致密）气藏压裂改造的途径，以期解放一大批低渗透（致密）气藏，提高此类气藏的压裂效果，为低渗透（致密）气藏的经济、效益开发提供决策依据。

## 第二节 二氧化碳泡沫压裂技术的发展历程

早在 20 世纪 70 年代后期，由于天然气的价格大幅度上涨，加快了欧美国家的天然气开发速度，同时对低渗透（致密）气藏的增产措施新技术的研究也更加深入。采用的压裂液体系也从最早的简单水基压裂液发展为具有较低伤害的二氧化碳泡沫压裂液和氮气泡沫压裂液，继而又发展了对气藏无伤害的液态二氧化碳压裂液。

### 一、泡沫压裂技术的发展历程

泡沫压裂技术在美国、加拿大和德国得到广泛应用。它主要经历了三个阶段：

第一阶段（20 世纪 60 年代）：开始研究应用泡沫压裂技术，当时压裂液体系采用水+起泡剂+氮气（第一代压裂液），砂液比为 1~2lb/gal（1lb/gal = 119.826kg/m³），主要适用于低压气井。70年代随着对泡沫压裂机理和压裂设计理论研究的不断深入，泡沫压裂技术也得到了较快的发展。

第二阶段（20世纪80年代）：泡沫压裂液的快速发展促使了泡沫压裂技术的推广应用。采用水+起泡剂+聚合物作为压裂液体系（第二代压裂液），采用氮气或二氧化碳增加黏度和稳定性，砂液比达到4~5lb/gal，主要用于高压气井。

第三阶段（20世纪90年代）：泡沫压裂液得到进一步发展，采用的压裂液体系是水+起泡剂+聚合物+交联剂（第三代压裂液），采用氮气或二氧化碳泡沫压裂液体系为主，砂液比达到5lb/gal，主要用于高温井、深井的大型压裂。

20世纪90年代以后，多采用内相恒定技术，以期提高砂液比、增大压裂加砂施工规模以提高压裂效果。

## 二、二氧化碳泡沫压裂技术的分类

二氧化碳压裂一般分为二氧化碳增能压裂、二氧化碳泡沫压裂、纯二氧化碳压裂三种。

二氧化碳增能压裂的泡沫质量一般为30%~50%，优点是施工简便，二氧化碳主要用于提高返排能力，适用于较大加砂规模的压裂施工。

二氧化碳泡沫压裂和二氧化碳增能压裂的区别是二氧化碳比例即泡沫质量不同，二氧化碳泡沫压裂的泡沫质量一般为50%~85%，优点是水基压裂液的用液量少，对地层和裂缝的伤害小，泡沫质量高，气泡呈连续相、黏度高、携砂性能好，返排率高，但由于水基压裂液用液量小，常规压裂施工中提高砂液比有一定难度，并且施工压力偏高。业界将二氧化碳增能压裂和二氧化碳泡沫压裂统称为二氧化碳泡沫压裂。

纯二氧化碳压裂是采用液态二氧化碳为压裂液，即100%二氧化碳压裂，其优点是对地层无伤害，返排迅速且彻底，但由于液态二氧化碳压裂受施工加砂规模和井深的限制，并且需要专门的密闭混砂车，因此一般不适合中—大规模的加砂压裂改造。

## 三、国内外二氧化碳泡沫压裂技术应用情况

### （一）国外二氧化碳压裂技术应用情况

早在20世纪80年代初期，原联邦德国为了保持其天然气产量在国际上的领先地位，针对老气田采取了一系列增产措施技术的研究，其中较为重要的一项成果就是二氧化碳泡沫压裂液的大规模应用。1986年在原联邦德国的费思道尔夫的石炭系土蒂凡组气藏的压裂改造中成功使用了60%二氧化碳泡沫压裂液，使天然气产量增加了近12倍。该气藏埋深3400~3650m，包括8个含气层，单层厚度在8~43m之间，有效厚度为5~17m，孔隙度为7%~8%，平均渗透率为0.15mD，平均含水饱和度为30%。施工所使用的60%二氧化碳泡沫压裂液（液相中使用了30%甲醇和70%氯化钾、水）对储层的伤害比以前使用的油基压裂液和简单的水基压裂液都低，并且获得了3000m$^3$/h的天然气产能。

与此同时，在美国犹他州东部的犹他盆地的瓦塞兹（Wasatch）地层的压裂改造中，应用了多种压裂液体系，包括：油/水乳化压裂液体系、水基交联冻胶体系以及泡沫压裂液流体，尽管均取得了较好的效果，但采用泡沫压裂液具有更为明显的增产效果。瓦塞兹地层由裂缝性砂岩、石灰岩、白云岩组成，孔隙中含有酸溶性物质及黏土矿物，并且其中存在的大量钙质胶结物限制了酸化的作用。在施工中，哈里斯（P. C. Harris）等人采用了液相很低的二氧化碳泡沫压裂液以减少水在低渗透地层中的滞留，并用2%的氯化钾溶液来防止基岩内黏土矿物的运移。对比了采用5b/kgal（0.5%）的羟丙基瓜尔胶（HPG）水基压裂液和选用75%二氧化碳泡沫压裂液的施工数据，以及压裂后30个月的生产情况，发现采用泡沫压裂液施工的井的产量比使用常规水基交联压裂液改造的井的产量平均高23%。

而沃诺克（W. E. Warnock）等人在阿肯色—路易安娜—得克萨斯地区将二氧化碳泡沫压裂液成功应用于2900~14000ft（870~4200m）深的地层中。他们经过深入研究，认为二氧化碳泡沫压裂液具有常规水基压裂无可比拟的优点。在道奇特—莫塞多尼亚（Dorcheat-Macedonia）的棉谷（Cotton Valley）、海恩斯维尔（Haynesville）等砂岩地层中获得了成功，而常规交联冻胶压裂液处理没有获得成功；在弗农（Vernon）、阿肯纳（Arkana）等地区使用70%二氧化碳泡沫压裂液进行的增产处理，均获得了高于常规交联冻胶压裂液处理的天然气产量。

表1-1所示为美国弗农气田棉谷砂岩使用水基冻胶和二氧化碳泡沫压裂的增产处理结果。显然，二氧化碳泡沫压裂的施工规模最大（加高强度支撑剂136.2t），伤害率最低（伤害率30%），压后每米采气指数为$0.0259\times10^4 m^3/(d\cdot m\cdot MPa)$，其增产效果明显优于水基冻胶压裂的情况。

表1-1  水基冻胶和二氧化碳泡沫压裂效果对比表（美国弗农气田棉谷砂岩）

| 井  号 | 截维斯A-1 | 截维斯A-1 | 截维斯E-1 |
|---|---|---|---|
| 井深（m） | 3982 | 3819 | 3890 |
| 温度（℃） | 169 | 162 | 165 |
| 地层压力（MPa） | 81.9 | 78.8 | 80.2 |
| 渗透率（mD） | 0.10 | 0.18 | 0.18 |
| 孔隙度（%） | 11 | 14 | 16 |
| 厚度（m） | 11.9 | 6.7 | 6.7 |
| $K_h$（mD·m） | 1.19 | 1.21 | 1.21 |
| $\phi_h$（m） | 1.31 | 0.94 | 0.94 |
| 压裂液类型 | 水基冻胶 | 水基冻胶 | 二氧化碳泡沫 |
| 用液量（m³） | 227.1 | 416.4 | 水114，二氧化碳266 |
| 支撑剂量（t） | 26.6 | 55.4 | 136.2 |
| 裂缝半长（m） | 152.4 | 365.7 | 457.2 |
| 压后初产（$10^4 m^3$/d） | 4.25 | 5.53 | 4.95 |

续表

| 井　号 | 截维斯 A-1 | 截维斯 A-1 | 截维斯 E-1 |
|---|---|---|---|
| 生产压差（MPa） | 31.7 | 58.1 | 28.5 |
| 每米采气指数 [$10^4 m^3/(d \cdot m \cdot MPa)$] | 0.0113 | 0.0142 | 0.0259 |
| 表皮系数 | -4.2 | -1.7 | -4.1 |
| 伤害率（%） | 0.38 | 0.76 | 0.30 |

表 1-2 所示为美国维尔科尔斯（Wilcox）地层二氧化碳泡沫压裂的增产处理结果。从表可知，二氧化碳泡沫质量均大于70%。施工成功的两井次的线性胶浓度均较高。

表 1-2　二氧化碳泡沫压裂施工参数统计表（美国维尔科尔斯地层）

| 井深（m） | 2304 | 2623 | 2500 |
|---|---|---|---|
| 温度（℃） | 104 | 115 | 110 |
| 线性胶浓度（%） | 0.48 | 0.72 | 0.72 |
| 泡沫质量（%） | 70 | 75 | 75 |
| 排量（$m^3$/min） | 1.6 | 4.0 | 2.4 |
| 用液量（$m^3$） | 274 | 395 | 248 |
| 砂量（t） | 74 | 129 | 68.5 |
| 砂浓度（%） | 12~72 | 12~84 | 12~84 |
| 施工情况 | 后期砂堵 | 成功 | 成功 |

此外，对于黏土含量高，对颗粒运移、铁沉淀及液体滞留造成的地层伤害敏感的砂岩低渗透气层进行压裂改造时，采用了二氧化碳泡沫压裂液作为施工工作液，压后产量增加4~18倍。

1988—1989年，克里弗特（J. R. Craft）等人对康勒（Coner）气田的峡谷（Canyon）含气砂岩层实施了二氧化碳泡沫压裂改造实验，该储层属致密气藏，全岩心实测渗透率仅为0.012~0.039mD，含有大量不稳定黏土。在7口实验井中应用了70%二氧化碳泡沫液（含25%甲醇）进行了施工。有效地防止了压裂液对气藏的伤害，同时压裂液的返排率由采用稠化水压裂液、氮气及50%二氧化碳伴助压裂液的对比井的41.6%增加至67.4%，产量也明显高于对比井的产量。

随着二氧化碳泡沫压裂液在致密气藏压裂改造中的广泛应用，其相应的工艺技术和实验研究均得到了很大的发展。

1990年，尤拉内克（T. A. Juranek）等人针对南得克萨斯气藏进行的25%~70%的二氧化碳泡沫压裂的现场数据进行了分析研究，完善了对小型测试压裂数据的分析技术，探讨了在不同条件下二氧化碳泡沫压裂液的应用结果。该地区的井深大多在 11000~13000ft（3300~3900m）之间，井温在250~300°F（120~150℃）之间，研究人员在进行小型测试压裂数据分析时，考虑了温度效应对压裂液滤失的影响，在实际施工中使用70%二氧化碳泡沫压裂液并获得了较好的效果。

哈里斯等人于1992年对泡沫压裂液的流变性能、破胶性能和滤失性能进行了系统研究。他们认为二氧化碳泡沫压裂液之所以能够有效提高压后的天然气产能，其主要原因是由于液相含量降低、滤饼较薄且二氧化碳具有助排作用，可以有效地将进入地层的压裂液从地层中返排出来，降低了压裂液对地层渗透率和支撑裂缝导流能力的伤害，但其缺陷在于流变性能相对交联冻胶压裂液的差，携砂能力弱，井口压力高，施工摩擦阻力较大等。

在北美地区，二氧化碳泡沫压裂技术是提高低渗透、低压油气藏压裂增产效果的有效手段之一。斯伦贝谢公司（Schlumberger）、哈里伯顿公司（Halliburton）和必捷-法玛斯公司（BJ-Fracmaster）是北美地区进行二氧化碳泡沫压裂技术研究和现场实施最多的三家公司，三家公司都认为二氧化碳泡沫压裂对低渗透、低压油气藏（特别是低压气藏）是一项先进而又成熟的技术，三家公司每年二氧化碳泡沫压裂技术应用情况见表1-3。

表1-3 三家公司二氧化碳泡沫压裂井数统计

| 公司 | 地区 | 压裂总井数（口/a） | 二氧化碳泡沫压裂井数（口/a） |
| --- | --- | --- | --- |
| 斯伦贝谢 | 美国，加拿大 | 2344 | 264 |
| 哈里伯顿 | 全球 | 3000~4000 | 500~600 |
| 必捷-法玛斯特 | 全球 | 5000~6000 | 3000 |

**（二）国内二氧化碳压裂技术应用情况**

在国内，中国石油天然气集团公司的有关油田和研究院所从1985年开始，对泡沫压裂及二氧化碳泡沫压裂进行了长达20多年的技术引进、研究与试验工作，现已见到不同程度的增产改造效果。

1985年，四川石油管理局开始泡沫酸液的基础研究和泡沫酸酸化施工技术的研究；1986年，西南石油学院（现西南石油大学）开始对泡沫压裂和泡沫酸酸压设计技术进行理论研究，此后国内许多油田先后开展了泡沫压裂工艺技术的应用研究。1988年5月4日首次用于具体实施，辽河油田与加拿大合作进行了全国第一口氮气泡沫压裂井的设计、施工，并获得成功。之后，辽河油田及大庆油田先后进行了氮气压裂施工。由于试验设备、装备和工艺技术还有待进一步完善，国内泡沫压裂技术进展缓慢。

1989年，中国石油勘探开发研究院廊坊分院（以下简称廊坊分院）压裂酸化技术服务中心着手设计并与美国CER公司合作，成功地研究开发了多功能泡沫流动回路实验装置。该大型实验室可模拟现场施工，如进行泡沫压裂液溶胶液配制、动态交联、动态起泡、流体注入井底的高剪切、裂缝内的低剪切、动态滤失与伤害等。同时它还可对泡沫实体进行显微镜下的实时观察与摄像，数据全部由微机实时采集、处理与显示。

1997年，吉林油田引进了美国SS公司的二氧化碳泡沫压裂设备以开发其丰富的二氧化碳资源，并针对其油田特征进行了油层吞吐和二氧化碳助排增能压裂工艺技术的实施。截至

1998年，吉林油田共压裂油井69口、气井5口（合隆气田）；吉林合隆气藏井深1300~1420m，采用线性胶泡沫压裂，施工压力30~43MPa，加支撑剂8~20m³；1999年，对吉林油田德深2井进行了二氧化碳泡沫压裂，井深3026.5~3034.6m；设计排量2.6m³/min；实际施工排量2.2m³/min；设计加砂量9.0m³，施工实际加砂量4.5m³。

1998年以来，长庆油田面对上古生界气藏储量动用程度低，导致采气速度低、单井产量低的问题，针对其具有低孔、低渗透、低丰度的特点，与廊坊分院合作，开展了长庆低渗透油气藏二氧化碳泡沫压裂研究，现场试验了3口油井和19口气井，压裂井深达3530m，施工混合液砂比达到29.2%，冻胶砂比达到43%，最大加砂规模达到40m³，平均返排率达到90%以上，产气井全部自喷见气。工业气流井比例由以前常规水基压裂的54.1%提高到73.7%。证明了二氧化碳泡沫压裂的压后效果好于常规水基压裂的压后效果，通过试验，把国内二氧化碳泡沫压裂技术提高到了一个新水平。

近年来，吉林油田、川庆钻探工程有限公司相继开展了二氧化碳干法（无水）压裂试验。吉林油田采用油管压裂的2口井施工排量一般在3~4m³/min，加砂很困难，施工过程中易发生砂堵；采用3口套管压裂的井，施工排量一般在7~8m³/min，平均砂比只有4%~6%，单层液体二氧化碳量为600~700m³，加砂量11~21m³。川庆钻探工程有限公司在长庆苏里格气田开展了1口井的先导试验，注入液体二氧化碳量为355m³，平均砂比7.9%，加陶粒9.6m³。总体来看取得了一定进展，但由于液体二氧化碳携砂能力较弱、砂比低、加砂规模小，目前都属于先导试验阶段。

**（三）国内外二氧化碳压裂技术对比**

国内二氧化碳泡沫压裂与国外技术相比还存在较大差距，主要表现在以下几个方面：

（1）起步晚20~30年：国外的研究始于20世纪60年代后期，而国内开始现场试验始于20世纪90年代中期。

（2）机理研究相对薄弱：特别是二氧化碳相态转变条件、超临界特性、泡沫流变特性、气—液—固三相体系及摩擦阻力等有待研究认识。

（3）设备装备少、不配套：国内目前可进行现场压裂施工的二氧化碳泡沫压裂设备车组较少。

（4）施工经验不足：施工井数少（少于100口），施工井浅（小于4000m），施工规模小（单井加砂小于50m³）。

（5）泡沫压裂技术有待尽快发展，包括降低二氧化碳泡沫压裂液的摩擦阻力、提高二氧化碳酸性交联泡沫压裂液体系的性能和进行有针对性的二氧化碳泡沫压裂设计技术等。

**（四）关于二氧化碳压裂几个问题的讨论**

1. 关于二氧化碳泡沫压裂的泡沫质量选择问题

选择二氧化碳泡沫压裂的泡沫质量要综合考虑地质、工程和经济因素。选择泡沫质量要根据储层的地层特征，充分考虑到裂缝几何尺寸、降低压裂过程中的二次伤害、提高裂缝导流能力等地质和工程因素，以及遵循少投入、多产出的经济效益原则，不提倡片面追求高泡沫质量、增大施工规模的做法。

2. 关于井口压裂液加温的问题

一般情况下，二氧化碳泡沫压裂施工现场不对井口压裂液进行加温。由于在压裂施工高压条件下二氧化碳由液态转化为气态时的临界温度为31℃，当压裂施工中泵入前置液过程中井底射孔炮眼附近地层的温度很快降低到发泡的临界温度以下，所以，在此条件下为了使得压裂液尽可能不在近井地带脱砂并保持一定的黏度，在设计施工中，采用酸性交联压裂液和提高施工排量的措施，使得未发泡的混合液在高速流动的过程中保持一定的携砂能力。同时采用乳化的方法，使压裂液和二氧化碳通过泡沫发生器充分混合，乳化增黏以提高未发泡混合液的流动黏度及携砂性能。

3. 关于二氧化碳泡沫压裂的泡沫发生器问题

为了保证液态二氧化碳与压裂液充分混合及发泡，地面设备增加泡沫发生器，并且压裂液中添加表面活性剂，以确保混合液入井前充分乳化（液态二氧化碳为内相），乳化后的液体黏度高于压裂液基液黏度，从而保证较好的携砂性能。

4. 关于二氧化碳泡沫压裂的稠化剂问题

采用与二氧化碳相配伍的酸性压裂液体系，其pH值为4~5，防止水基交联冻胶压裂液与二氧化碳压裂液在混注过程中降解。采用锆交联剂（弱酸性），稠化剂一般选用（羧甲基羟丙基瓜尔胶 CMHPG）或（羟丙基瓜尔胶 CMPG）。

5. 关于二氧化碳泡沫压裂的设计问题

压裂设计采用拟三维压裂设计软件。此软件考虑了井筒温度场和地层温度场随压裂过程中施工时间、施工排量、地面泵入液体温度等诸多因素的影响，设计和施工过程中大多采用内相恒定技术来提高砂液比，从而提高裂缝导流能力。

6. 关于二氧化碳泡沫压裂含砂浓度的问题

二氧化碳泡沫压裂施工过程中从地面混砂车携砂到压裂泵车携砂液仍然是水基压裂液，当携砂液与不携砂的液态二氧化碳混合后混合液的含砂浓度（砂液比）必然会降低。据文献调研，提高泡沫压裂砂液比的方法有以下四种。

1) 采用交联泡沫压裂液提高砂液比

交联泡沫压裂液是用凝胶剂作为泡沫的稳定剂。制成的泡沫不仅性能稳定、携砂性好，且具有低滤失、返排迅速等优点。现场试验表明，采用交联泡沫比常规泡沫的压裂效果更好。

2) 采用泡沫和流体混合压裂提高砂液比

混合压裂是指在同一口井上分两步作业。先进行泡沫压裂，然后进行常规水力压裂。这两种压裂连续进行，并在第二阶段水力压裂时提高砂比。采用这种办法可使整个施工的平均砂液比提高3~4倍。

3) 使用砂浓缩器提高砂液比

砂浓缩器的作用是在泵送设备的下游把液体滤出一部分，然后再把高浓度砂浆与氮气或二氧化碳混合形成泡沫。这样可使整个泡沫压裂液中的砂比提高两倍。加拿大压裂有限公司设计的砂浓缩器可把支撑剂浓度提高到 $1920\sim2880kg/m^3$。

4）采用内相恒定技术提高砂液比

哈里斯等人认为，采用内相恒定技术可以提高砂液比。"恒定内相"的概念是使内相（气体+固体）和外相（液体）保持平衡，以保证压裂液的黏度恒定。其办法是：加支撑剂时保持液体的排量稳定，但降低气体的排量，其降低值等于固体剂的绝对排量。其优点是既可以适当地提高砂液比，又可以更好地控制井口压力。缺点是在后来的高砂比段助排的气体量减少了。

据考察结果，斯伦贝谢公司、哈里伯顿公司和必捷—法玛斯特公司为了改变此种状况，尽可能地提高混合液的含砂浓度，目前使用最多的方法是通过提高水基压裂液的携砂能力和混砂车的输砂能力，从而提高水基压裂液的含砂浓度（砂液比），而达到提高混合液的含砂浓度的目的。斯伦贝谢公司在二氧化碳泡沫压裂中水基压裂液的含砂浓度最高达154%。

7. 关于二氧化碳泡沫压裂的管柱问题

目前油管压裂的排量受限，一般井深3000m左右，排量一般不超过 $3m^3/min$，这必然不利于提高加砂规模和砂比；页岩气压裂一般采用套管压裂，排量一般可达到 $8\sim10m^3/min$。近年来，不压井下油管工艺技术逐步成熟，二氧化碳泡沫压裂若能借用页岩气压裂的理念，采用套管压裂，压后采取不压井下油管工艺，将有助于增大压裂加砂规模及提高砂比，必将有助于提高压后效果。

# 第三节　二氧化碳泡沫压裂技术的发展展望

提高低渗透（致密）气藏压裂改造后天然气产能的关键问题在于有效降低压裂液对储层基质和支撑裂缝渗透率的伤害。二氧化碳泡沫压裂主要用在低渗透、低压油气藏，特别是水敏地层，泡沫压裂的效果比常规水力压裂要好。但对于低渗透储层，要保证较好的压裂效果，必须有一定的压裂规模。二氧化碳泡沫压裂技术需要进一步提高泡沫压裂液的稳定性和携砂性能，才能提高二氧化碳泡沫压裂的施工砂比和施工规模。因此，其技术发展的特点如下。

（1）二氧化碳泡沫压裂技术的应用范围由初期的浅井向中—深井方向发展。二氧化碳泡沫压裂技术目前应用的最大井深达4000m，最大加砂量约140t。下步要适应页岩气大规模体积压裂需要，还有较大发展空间。

（2）进一步优化二氧化碳泡沫压裂的泡沫质量。在设计中根据地层条件，优选泡沫质量，目前泡沫质量一般控制在20%~70%之间，较之常规水基压裂液大大减少了水的用量，有利于节约水资源。下步可以根据现场情况，开展纯二氧化碳压裂或低泡沫质量的二氧化碳泡沫大规模压裂，大大降低水基压裂液对储层的伤害，不仅可节约水资源，还有利于节能减排，减少温室效应对环境的影响。

（3）提高二氧化碳压裂液的携砂性能，进一步提高砂液比。20世纪90年代以来，采用恒定内相技术，在一定程度上提高了施工砂液比。但需要进一步提高砂液比以提高裂缝的导流能力。使用低pH值的酸性交联压裂液体系，可延迟交联，降低摩擦阻力；降低压裂液滤失，提高压裂液效率；提高压裂液流变性，提高压裂液的携砂能力；使用优质高效助排剂，降低地层对压裂液的吸附作用和表面张力等；使用快速破胶放喷、液氮助排等工艺手段达到高效快排，以提高返排率。

（4）完善二氧化碳泡沫压裂施工技术，加快专用配套设备的研究。应建立在对降低地层伤害的基础上，从造缝、携砂、返排三方面入手，通过优化压裂施工泵注程序、优化压裂液配方体系，加强压裂现场的质量管理，提高气藏水力裂缝的导流能力，减少对气层的伤害，达到提高产量和获得较好经济效益的目的。据国外考察，国外二氧化碳泡沫压裂装备配套齐全，包括运输配液系统、动力增压泵注系统、仪表计量控制系统和施工质量控制系统。我国以前基本是两套系统，需要整合配套，加强二氧化碳泡沫压裂配套技术的研究。

（5）创新二氧化碳泡沫压裂泵注的管柱选型。应借鉴岩气压裂一般采用套管压裂以提高施工排量，从而增加压裂加砂规模的先进做法，压裂后推广不压井下油管工艺技术，避免了以前套管压裂后需要压井才能下油管的会伤害地层和裂缝的做法，既提高了压裂后返排率，又避免了压井下油管的二次伤害，必将有助于提高压后效果。

综上所述，在地质描述方面，认真做好选井、选层工作；研究地应力分布状况，为优化设计方案提供依据。在模拟方面，利用油藏模拟和裂缝模拟及经济优化等手段，预测压前及压后产量动态特征，做出适合气藏特点的压裂优化设计方案并指导施工。在压裂液研究方面，优化适合气层的压裂液体系，保证压裂液快速彻底破胶和返排，减少对气层的伤害。在支撑剂方面，优选出适合气层的低密度且高强度的支撑剂，以提高支撑裂缝导流能力。在施工方面，采取套管压裂，加强压裂液和支撑剂的质量控制，进行实时压力监测并控制施工，压裂后不压井下油管避免二次伤害，保证施工按设计进行，为压裂后评估提供依据。只有这样，才能保证压裂成功并达到较好的增产效果。

# 第二章 二氧化碳泡沫压裂技术的理论基础

压裂低渗透层（尤其是砂岩层）时，减少压裂液残余液体对地层的伤害是压裂工程师所关注的问题，残余液体伤害地层的原因是，岩石胶结物吸附液体，导致岩石胶结物空间黏土脱落或膨胀，从而造成地层的伤害。通常用常规的水基或油基压裂液时，约有50%~75%的压裂液因被岩石胶结物吸收而滤失。要返排所有的残余液体，可能要持续几个月甚至几年的生产时间，由于残余液体在残余饱和度下停止流动，一般不可能全部返排出来。在残余饱和度区，残余液体的进一步排出只有依靠蒸汽来完成。在支撑剂裂缝中同样存在与地层中相同的残余饱和度。要想解决残余液体伤害地层的问题，需要寻求一种在地表可以控制的条件下可作为液体被安全运输、在作业后又能完全恢复为气态的液体。二氧化碳的单一相态满足了上述要求。二氧化碳泡沫压裂技术是指利用二氧化碳泡沫作为压裂液取代常规的水基冻胶压裂液的新型压裂工艺技术，是水力压裂领域的一种工艺技术。本章重点介绍二氧化碳泡沫压裂技术的基本原理及理论基础。

## 第一节 泡沫压裂的基本原理及特征

### 一、泡沫压裂的基本原理

水力压裂是指利用地面高压泵组，以超过地层吸收能力的排量将高黏度压裂液泵入井底产生高压，当该压力克服井壁附近地应力并达到岩石抗张强度，地层将产生裂缝；继续注入带有支撑剂的混砂液，使裂缝继续延伸并在其中充填支撑剂，停泵后，由于支撑剂对裂缝的支撑作用，可在地层形成具有一定长度和导流能力的填砂裂缝，从而实现油气井增产和注水井增注。增产增注机理体现在三个方面：沟通非均质性构造油气储集区，扩大供油面积；将原来的径向流改变为线性流和拟径向流，从而改善近井地带的油气渗流条件；解除近井地带污染。使用的压裂液一般包括水基压裂液、油基压裂液、泡沫压裂液、乳化压裂液等。

泡沫压裂的基本原理是在常规水力压裂基础上，采用专用设备将泡沫压裂液泵入井底压开地层形成裂缝，并作为携砂介质将支撑剂充填在裂缝中的压裂施工作业。实质是用泡沫压裂液取代常规水基压裂液，一般针对低压、水敏性储层，不仅减少了水基压裂液的使用量，还可以大幅提高压后液体返排率，减少液体对储层的伤害，从而提高压裂效果。泡沫压裂一般分氮气泡沫压裂和二氧化碳泡沫压裂两种工艺方法。

## 二、泡沫压裂液的基本特征

由于泡沫两相体系的出现，使流体黏度显著增加；同时通过起泡剂和高分子聚合物的作用，大大增强泡沫流体的稳定性；泡沫结构的产生也形成了泡沫流体低滤失、低密度和易返排的特性。因此，泡沫流体不仅具备了作为压裂液的必要条件，而且还拥有了常规水基压裂液不具备的重要特性。

### （一）泡沫的稳定性

从热力学角度看，泡沫增大了流体表面积，压裂液体系的自由能增加，将自发地从自由能较高的状态向自由能低的状态转化；同时，泡沫中的液体由于重力作用及边界吸引作用可不断排液，再加上温度的表面蒸发作用，使液膜不断变薄，最终导致泡沫破灭。因此，泡沫流体是一种不稳定体系，泡沫的稳定性一般用泡沫质量来衡量。

泡沫稳定性是泡沫压裂液的基本特性。提高泡沫稳定性的主要途径有：

（1）选用合适的起泡剂，降低液相表面张力，有利于泡沫的形成，并增加液膜的强度和弹性。

（2）利用多种表面活性剂的协同效应，添加稳泡助剂。

（3）提高液相黏度并采用交联技术，形成冻胶表层，增加液膜的黏弹性特性，降低液膜的排液速率。

（4）提高泡沫质量，以便气泡相互接触而发生干扰，改变泡沫的几何形态，使其由球形变为六边形，边界夹角达到120°，此时压差最小，排液速率减弱，有利于泡沫稳定。

（5）通过高压、高速混合气液两相，形成大小均匀、结构细微的泡沫，减少排液速率，延长半衰期。

（6）随着温度的增加，表面张力升高，液相黏度降低，需要提高液相的耐温性能和起泡剂浓度。

### （二）泡沫质量

泡沫质量也称泡沫干度，它表示气相在泡沫中的体积百分数。泡沫质量决定了泡沫压裂液的泡沫黏度、滤失性和携砂能力，是决定泡沫性质的关键因素。

由于气体体积是温度和压力的函数，因此对泡沫质量的计算时需要说明其温度和压力条件。在某一温度和压力条件下的泡沫质量可用下式计算：

$$N = \frac{V_g}{V_w + V_g}$$

式中  $N$——泡沫质量，%；

$V_g$——某一温度和压力条件下的气相体积，$m^3$；

$V_w$——液相体积，$m^3$。

然而，由于液态氮气和二氧化碳在地层中转变为气态，因此，计算泡沫质量应根据气体状态方程求出液态氮气和二氧化碳发泡时的体积。根据非理想气体的状态方程，只要求出其压缩系数（或偏差系数），就能求出液态二氧化碳转变为气态的体积。

$$pV = ZnRT$$

式中　$p$——目的层压力，MPa；

　　　$V$——气体体积，m³；

　　　$Z$——压缩系数（或偏差系数）；

　　　$n$——气体摩尔数；

　　　$R$——气体通用常数；

　　　$T$——目的层温度，K。

泡沫压裂液的泡沫质量一般要求在50%~80%之间，液体呈层流流动，泡沫比较稳定，这样才能保证其黏度和携砂能力。泡沫质量与黏度的变化曲线如图2-1所示。

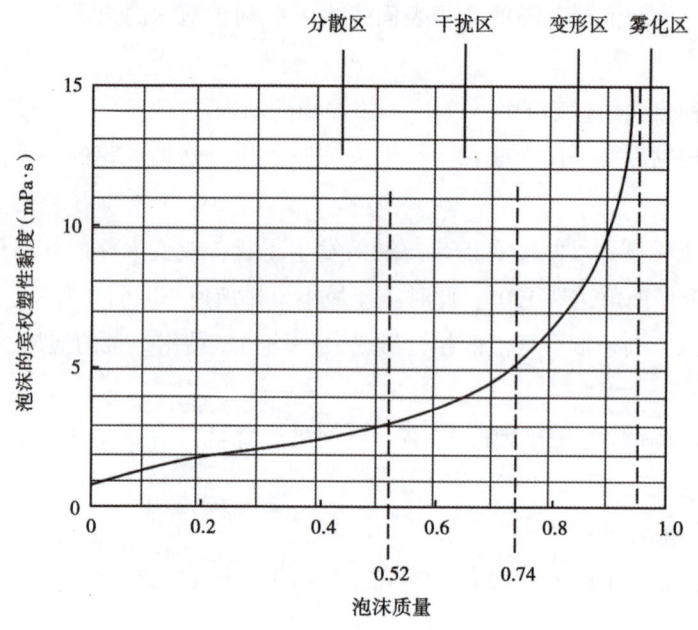

图2-1　泡沫质量与黏度的变化曲线图

### （三）泡沫黏度与流变特性

泡沫的黏度均显著高于两相中任何一相流体的黏度，黏度主要由泡沫质量和液相性能决定。泡沫质量越高，气泡越密集，气泡干扰、摩擦阻力越大，黏度就越高；当泡沫质量达到75%~80%时，泡沫黏度达到最大。增加液相黏度，不仅增加泡沫的稳定性，还进一步提高了泡沫流体的黏度。

泡沫流体的黏度随着泡沫质量和液相黏度变化：

(1) 当泡沫质量为 0~54% 时，$\mu_f = \mu_1 (1.0 + 2.5\Gamma)$；

(2) 当泡沫质量为 54%~74% 时，$\mu_f = \mu_1 (1.0 + 4.5\Gamma)$；

(3) 当泡沫质量为 74%~96% 时，$\mu_f = \mu_1 (1.0 - \Gamma^{1/3})^{-1}$；

其中，$\Gamma$ 为泡沫质量，$\mu_1$ 为液相黏度，$\mu_f$ 为泡沫黏度。

### (四) 泡沫的携砂能力

泡沫流体的携砂机理除常规水基压裂液黏弹性作用，阻止支撑剂固相颗粒的纵向运移外，更重要是由于泡沫微小颗粒结构可将支撑剂颗粒包裹、承托、夹持，随泡沫流体在压裂过程中运移输送到特定位置。只有当支撑支撑剂的气泡发生严重变形或泡沫稳定性极差，在泡沫之间形成一条通道时，支撑剂才会发生下沉。当泡沫流体存在足够的泡沫，液相黏弹性保持较高水平时，支撑剂便不会发生纵向运移（即沉降）。支撑剂在泡沫中的沉降速率仅是常规水基压裂液的 1%~10%。

### (五) 泡沫的滤失特性

泡沫流体具有良好的降滤失性能，在相同条件下，滤失系数小于常规水基冻胶压裂液。这是由于泡沫气液两相结构和气液之间的界面张力作用的结果。当泡沫流体进入微细孔隙时，需要大量的能量克服界面张力和气泡的变形，同时细微结构的泡沫在微细孔隙中受到毛细管力的叠加效应，进一步阻止了液体的滤失。

表征泡沫流体滤失性能的滤失系数受下列三种因素控制：(1) 泡沫流体黏度和地层渗透率；(2) 油藏流体的黏度和压缩系数；(3) 泡沫流体的造壁系数。在低渗透地层中，泡沫流体的滤失系数比常规水基压裂液低两倍，而在高渗透地层中，泡沫效率降低，与常规压裂液基本一致。增加泡沫流体液相黏度，可进一步改善泡沫流体的造壁性能，将大大降低滤失系数。

### (六) 泡沫的助排能力

泡沫流体具有很好的助排能力，不必抽吸或气举排液，仅借助泡沫的举升动能，即可快速、彻底地排液。其主要原因如下：(1) 泡沫流体的静水柱压力低，仅相当于常规水基压裂液的 30%~50%，大大减少了返排时的能量消耗；(2) 在压裂过程中，二氧化碳高压压缩存贮能量，施工结束排液时，裂缝或孔隙中的泡沫因压力下降，气体迅速膨胀，产生很大附加能量，可驱使压裂液返排；(3) 返排期间，泡沫中的气泡充分膨胀，泡沫质量迅速提高，大幅度降低井筒水柱压力，增大了地层与井筒之间的压差，净化并疏通地层孔隙及裂缝，大大提高了地层的导流能力；(4) 二氧化碳泡沫压裂液的界面张力较低，相当于清水的 20%~30%，降低了压裂液流体在返排过程中的毛细管力，增强了助排能力。

### (七) 泡沫的低伤害特性

泡沫流体具有低伤害特性，主要表现在：(1) 泡沫压裂液体系中，减少了液相成分（仅占 30%~50%），大大减少了液相进入地层引起的水锁和水敏伤害；(2) 其快速排液机制减少了由于大量液体滞留引起的储层伤害。

## 第二节  二氧化碳泡沫压裂液特征

### 一、二氧化碳基本性质

二氧化碳（carbon dioxide）是空气中常见的化合物，其分子式为 $CO_2$，由两个氧原子与一个碳原子通过共价键连接而成。空气中有微量的二氧化碳，约占 0.039%。常压下二氧化碳为无色、无臭、不助燃、不可燃的气体。当二氧化碳浓度高于 5000μg/g 时，会影响健康；高于约 50000μg/g 的浓度（相当于空气中 5% 的体积）被认为是有危险性的。在标准温度和压力下，二氧化碳的密度约为 1.98kg/m³，是空气的 1.5 倍。二氧化碳无毒，但其是一种窒息性气体，不能供给动物呼吸，同时它也不能燃烧，且易被液化，当加压到 5.1 倍大气压力时便会以液态存在。当温度为 -78.51℃ 时，二氧化碳会升华，固态二氧化碳俗称"干冰"，是十分普遍的化学用品，一般用作冷冻剂。固态二氧化碳是非晶玻璃般的形式，称为卡博尼亚（carboni），二氧化碳可以以一个玻璃态存在，类似于硅（石英玻璃）和锗。

二氧化碳通常是由燃烧有机化合物、细胞的呼吸作用、微生物的发酵作用等产生，植物在有阳光的情况下可吸取二氧化碳，在其叶绿体内进行光合作用，产生碳水化合物和氧气，氧气可供其他生物进行呼吸作用，这种循环称为碳循环（carbon cycle）。二氧化碳是温室气体之一，它允许可见光自由通过，但会吸收红外线与紫外线，这可以把来自太阳的热能锁起来，不让其流失，如果大气中的二氧化碳含量过多，热量更难流失，地球的平均气温也会随之上升，这种情况称为温室效应。二氧化碳的固体状态干冰在室温下会直接升华为气体。二氧化碳略溶于水中，形成一种弱酸——碳酸。

### 二、二氧化碳的相态特征

二氧化碳的相态特征如图 2-2 所示。从图 2-2 中可以看出，二氧化碳除了和水一样存在三个相态外，还有一个超临界态。二氧化碳的三相点为 -56.56℃、0.52MPa，即固—液—气三相的交汇点，温度或压力的微小变化都会使其转变为某一种状态；二氧化碳的临界点为 31.1℃、7.38MPa，即二氧化碳的温度和压力同时大于临界点温度和压力时达到超临界状态（有时也称为物质的第四态）。

将二氧化碳气体加温和加压至临界点以上（临界温度 $T_c$ >31.1℃、临界压力 $p_c$ >7.38MPa）时称为超临界二氧化碳流体，它的密度较大，且随着压力的增加而增大，它既有气体的部分性质，也有液体的部分性质。超临界二氧化碳与液态二氧化碳相比有几个不同特点：液态二氧化碳具有表面张力，而超临界二氧化碳没有表面张力；液态二氧化碳温度低于临界温度时存在气—液界面，而超临界二氧化碳流体没有。

在临界温度下，流体分子会逸出液面形成气体，即发生汽化过程。二氧化碳在某一稳定的气体压力和温度下，也会出现气体和液体共存的现象，气体与液体达到平衡状态，形成饱

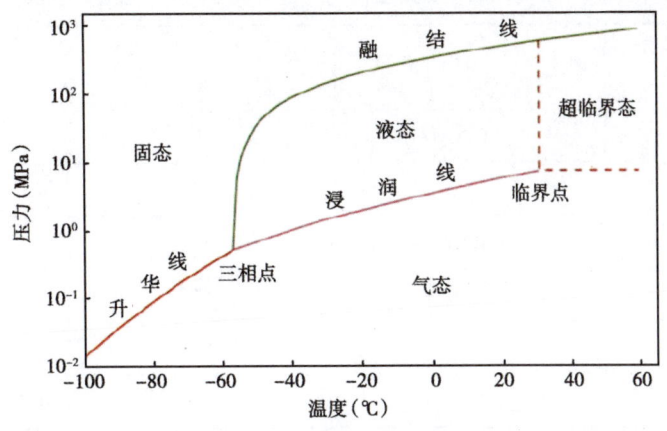

图2-2 二氧化碳的相态特征曲线图

和蒸气,当温度小于临界温度时,饱和蒸气压力高于对应温度下的压力则流体为气相,饱和蒸气压力低于对应温度下的压力则流体为液相。

在温度-30°F(-17℃),压力2000psi(13.8MPa)条件下,二氧化碳可以液化以便运输和储存,采用专用的二氧化碳密闭运输车运输,将液态二氧化碳泵入专用设备并与支撑剂混合,即可以完成压裂作业。压裂一旦完成,在油藏条件下(远大于31℃),变为气态,可带动残余压裂液返排出地表。

## 三、二氧化碳泡沫压裂液特征

### (一)二氧化碳泡沫的酸性交联

由于二氧化碳特有的酸性介质特征(pH值为4~5),需要在酸性条件下实现交联(常规压裂液一般在碱性条件下交联),因此二氧化碳泡沫压裂液不仅具备前述泡沫压裂液的特征,其特有的酸性特征还能够抑制黏土膨胀并减少颗粒分散运移,从而降低压裂液对储层的伤害。

### (二)二氧化碳泡沫的泡沫质量

二氧化碳与压裂液混合,形成常说的二氧化碳泡沫压裂液。二氧化碳泡沫压裂液的流变性主要受泡沫质量、气泡结构、剪切应力和温度等因素的影响。泡沫质量占主要因素。

根据不同的二氧化碳泵注比例,结合油井和气井的不同施工特征,计算了不同二氧化碳泵注比例与裂缝中产生的泡沫质量的关系见表2-1。

从表2-1可知,在泵注排量$3m^3/min$、地面温度5℃的条件下,当水与液态二氧化碳的比例为4:1时,即液态二氧化碳占20%时,泡沫质量为22%;当水与液态二氧化碳的比例为1:1时,即液态二氧化碳占50%时,泡沫质量为53%,实际应用时由于油气井压力和温度的影响,泡沫质量略有差异;当水与液态二氧化碳的比例为1:2时,即液态二氧化碳占67%时,泡沫质量为70%,这时的泡沫呈层流流动,性质比较稳定。

表 2-1　不同二氧化碳泵注比例与缝中产生的泡沫质量的关系

| $V_1$（水）（m³） | $V_1$（二氧化碳）（m³） | 二氧化碳体积比（%） | 泡沫质量（%） |
|---|---|---|---|
| 2.4 | 0.6 | 20 | 22 |
| 1.5 | 1.5 | 50 | 53 |
| 1.4 | 1.6 | 53 | 57 |
| 1.3 | 1.7 | 57 | 60 |
| 1.2 | 1.8 | 60 | 63 |
| 1.0 | 2.0 | 67 | 70 |

条件：排量 3m³/min，地面温度 5℃。

### （三）二氧化碳泡沫的助排能力

二氧化碳泡沫压裂液不仅具备泡沫压裂液在泵注期间低静水柱压力和返排期间气泡充分膨胀可降低井筒水柱压力的特征，还具有界面张力低的特点（相当于清水的 20%~30%），降低了压裂液流体在返排过程中的毛细管力，增强了助排能力。因此，二氧化碳泡沫流体具有很好的助排能力，施工结束后裂缝或孔隙中的泡沫因压力下降，气体迅速膨胀，泡沫质量迅速提高，将产生很大附加能量，可增大地层与井筒之间的压差，净化与疏通地层孔隙及裂缝，大大提高了地层的导流能力，因此压后不必抽吸或气举排液，仅借助泡沫的举升动能即可快速、彻底地排液。

### （四）二氧化碳泡沫的低伤害特性

二氧化碳泡沫压裂液具有常规泡沫压裂液的低伤害特性，不仅大大减少了流体进入地层引起的水锁和水敏伤害，还因为其特有的酸性介质（pH 值为 4~5）特征，具有抑制黏土膨胀、减少颗粒分散运移，从而降低压裂液对储层的伤害。另外，二氧化碳进入低饱和压力的油藏后，可大量溶解于原油中，大幅度降低原油黏度，减少渗流阻力并提高产能。

## 第三节　温度场及二氧化碳发泡条件分析

二氧化碳运输和储存的条件是 -17℃ 温度和 2.1MPa 压力，其临界温度 $T_c$ 为 31.1℃、临界压力 $p_c$ 为 7.38MPa。在压裂过程中压力一般都超出临界压力，只是在井筒泵入一定量的低温压裂液后温度较低，无法满足二氧化碳以气体形态存在的条件，也就是二氧化碳与压裂液混合不具备发泡条件而不能发泡。例如，当压裂液和二氧化碳混合的比例为 1:1，如果压裂液的温度为 10℃，那么压裂液和二氧化碳混合后，混合液的温度将大大降低，显然，二氧化碳压裂液在混合处不能发泡。但是由于地层温度远高于地面温度，随着压裂液沿井筒进入地层，温度逐渐上升，二氧化碳的温度便可能高于 30.6℃，这时二氧化碳可以以气体的形态存在，也就是二氧化碳压裂液能发泡。

因此，研究水力压裂施工过程中的井筒和裂缝温度场的变化，对于确定压裂液能否发泡，以及压裂液的黏度和携砂能力，具有十分重要的意义。

## 一、水力压裂施工过程中井筒温度场的数值模拟计算

在水力压裂过程中，井筒温度场是不断变化的，而井底温度变化会影响裂缝温度，从而影响压裂液性能。对二氧化碳压裂的井筒温度场的研究更为重要，压裂过程中，井筒温度场变化比较复杂，在模拟计算中作如下假设。

**（一）基本假设**

（1）油管、套管管径和水泥环厚度在整个井深方向相等，而且其深度达到了作业层中部。

（2）压裂液的地面注入温度和注入速度（即排量）保持恒定。

（3）不考虑压裂液、管材、水泥环及地层岩石的热力学参数。

（4）所有井深方向的导热换热忽略不计。

（5）假设油套管环形空间内液体静止且充满至井口。

（6）压裂前，井筒内原有液体与地层达到热平衡。

（7）忽略摩擦阻力及动能对换热的影响。

（8）地层温度是深度的线性函数。

**（二）差分网格系统的划分**

由于所研究的换热系统是轴对称的，所以宜采用柱坐标系。网格在径向上由一组同心圆组成，在垂直方向上将深度（压裂层）分为 $M$ 段，纵向上单元体划分如图2-3所示。

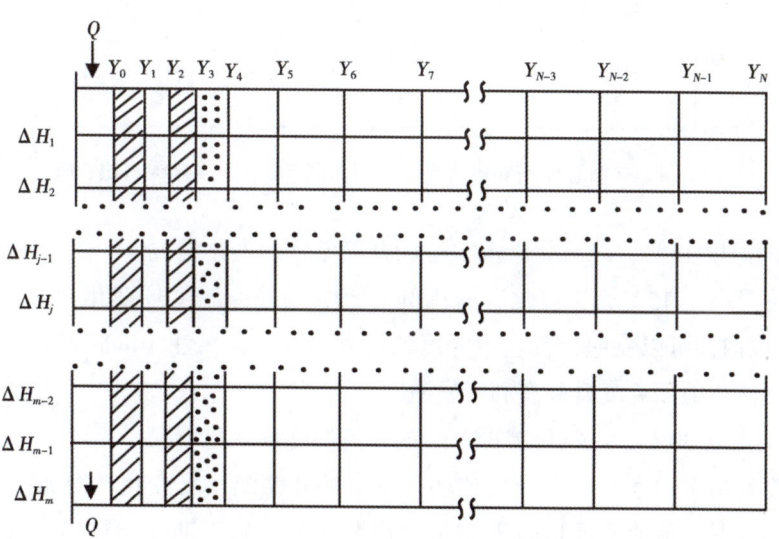

图2-3　纵向上单元体划分

在径向上,分别将油管空间、油管壁、油套管环形空间、套管壁、水泥环作为一个网格系统。再将地层划分为 N-1 个区域,每一个区域的厚度(即步长)是不相同的,离井轴越远,步长越大;在深度方向上,离地面越深,步长越小。

最终通过方程及迭代,求出整个油管内液体温度分布及井筒与地层内径向温度分布。

**(三) 井筒温度场的计算**

由于压裂液不作加温处理,计算井筒温度场时二氧化碳的比例 50%,地面温度考虑了 5℃、15℃和 30℃三种不同情况。井深条件:井深 3000m;地温梯度 0.03℃/m,泵注排量 3.0m³/min。

(1) 地面温度 5℃、二氧化碳占 50%的井筒温度场变化情况。

地面温度 5℃、二氧化碳的比例为 50%的井筒温度场变化情况如图 2-4 所示。泵注 10min 后,井筒温度低于发泡临界温度(31℃)。即泵注 5min 以内,可以发泡,且发泡深度大于 2000m;泵注 5min 以后,只在炮眼附近可以发泡。

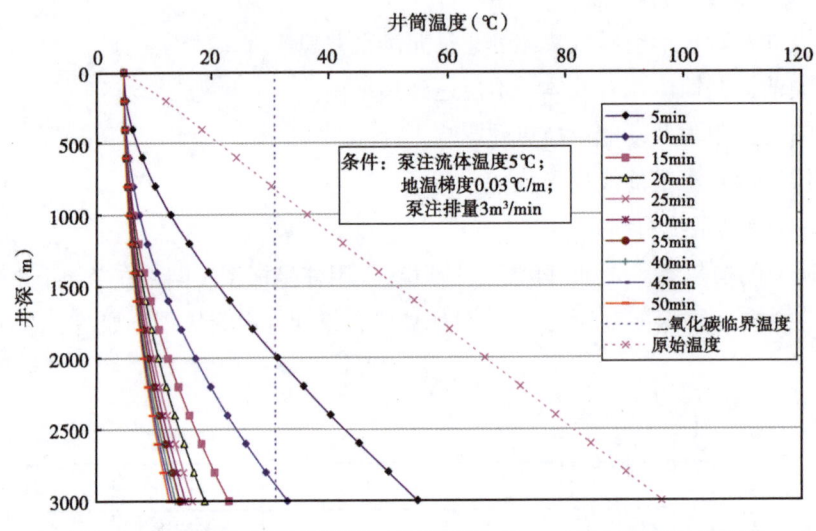

图 2-4 井筒温度场变化情况(地面温度 5℃、二氧化碳占比 50%)

(2) 地面温度 15℃、二氧化碳占 50%的井筒温度场变化情况。

地面温度升至 15℃、二氧化碳的比例为 50%的井筒温度场变化情况如图 2-5 所示。即泵注 5min 以内,可以发泡,且发泡深度增加到 1800m;泵注 10min 以内,可以在 2600m 附近发泡。显然,地面温度升高有利于发泡。

(3) 地面温度 30℃、二氧化碳占 50%的井筒温度场变化情况。

地面温度升高至 30℃、二氧化碳比例为 50%的井筒温度场变化情况如图 2-6 所示。施工 50min 以内,混合液的温度均高于 31℃,说明在整个施工期间均可以发泡。显然,地面温度升高有利于发泡。可以得出结论,从气候因素考虑,在夏天施工更有利于二氧化碳发泡,对施工携砂更有利。

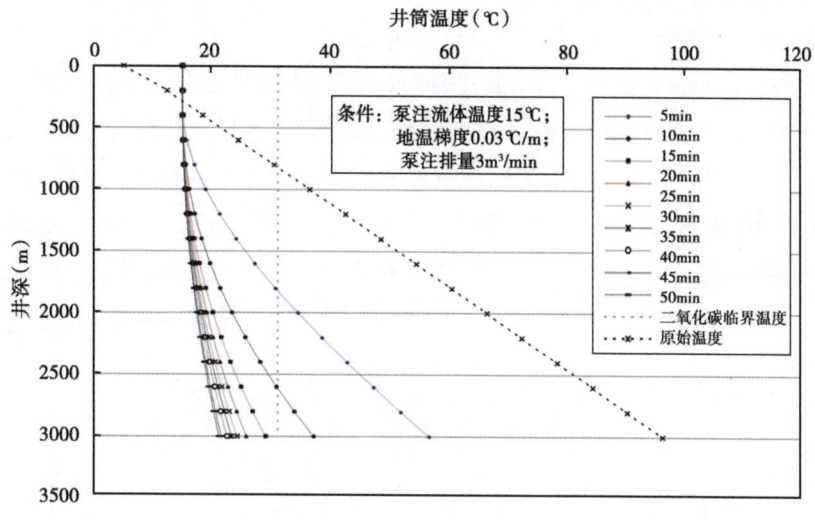

图2-5 井筒温度场变化情况（地面温度15℃、二氧化碳占比50%）

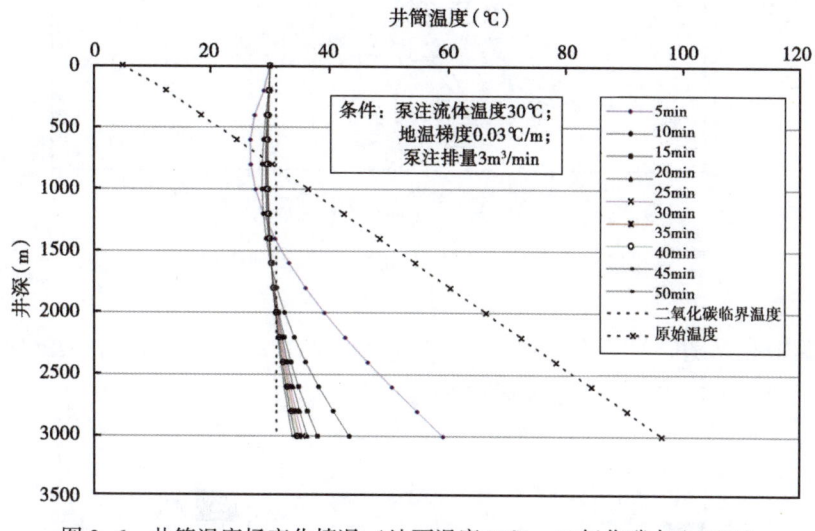

图2-6 井筒温度场变化情况（地面温度30℃、二氧化碳占比50%）

## 二、水力压裂施工过程中裂缝温度场的计算

了解压裂施工中的裂缝温度是很重要的，最简单的方法是假设流体在裂缝的整个过程中都处于油藏温度下，但这种假设比较保守且不切实际。由于压裂液的冷却作用，压裂液实际遇到的温度低于油藏温度。一般情况下，往往以油藏温度的80%～90%来评价压裂液，此举也过于简单。实际上压裂液进入裂缝，并在裂缝中流动时会受地层加热而温度逐渐上升。最先进入地层的前置液遇到的总是地层静态温度。

裂缝内液体温度是地层和液体的热传导率和比热容、静态井底温度、地表温度以及注入液体温度的函数，还与裂缝的几何形状、液体泵入速度、泵入液体量有关。而裂缝的几何形状又与泵入压裂液的流变性参数有关,计算时需要假设迭代。大多数压裂工艺设计软件中含有裂缝内温度场的计算组件,但它们一般仅给出温度随裂缝长度变化的简单平均值。为了进行压裂液优化设计,对这一计算过程进行了部分改进,采用 Visual Basic 程序重新编写,可以计算分段的压裂液运行时间和遇到的温度场与剪切速率场,为优化和评价压裂液提供了依据。

以国内某气藏压裂工艺设计计算为例:井深条件为井深 3000m;地温梯度 0.03℃/m,泵注排量 3.0m³/min;地面液体温度 5℃、二氧化碳占比 50%;动态半缝长 212.6m,动态缝宽 17.3mm。

计算裂缝温度场如图 2-7 所示,从图 2-7 可以看出,裂缝中大多数地区温度均大于临界温度 31℃,因此可以认为,绝大部分二氧化碳在地层中具备发泡条件。

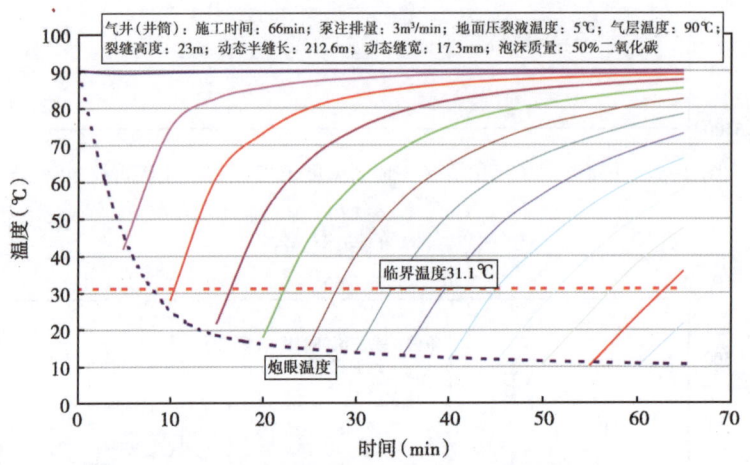

图 2-7　不同施工时间裂缝内部温度的变化图

泡沫压裂液相态随时间、缝长变化图见图 2-8,从图 2-8 可以看出,裂缝中绝大多数区域均为泡沫,只有炮眼附近有少量液体存在。

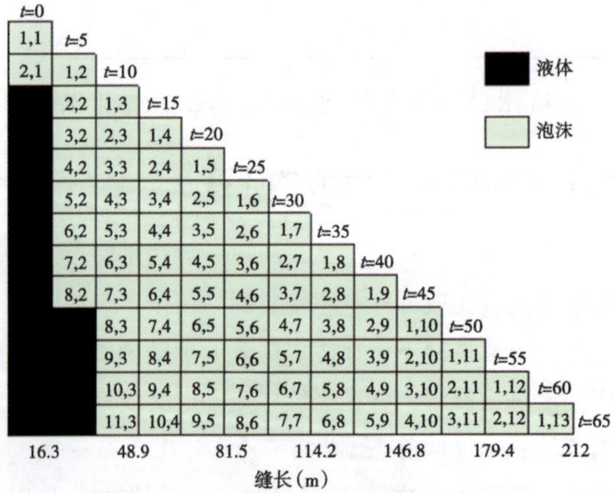

图 2-8　泡沫压裂液相态随时间、缝长变化图

施工结束后裂缝内部的温度场见图2-9。从图2-9可以看出，施工结束后，裂缝中大多数区域温度均大于临界温度31℃，有利于液体返排。

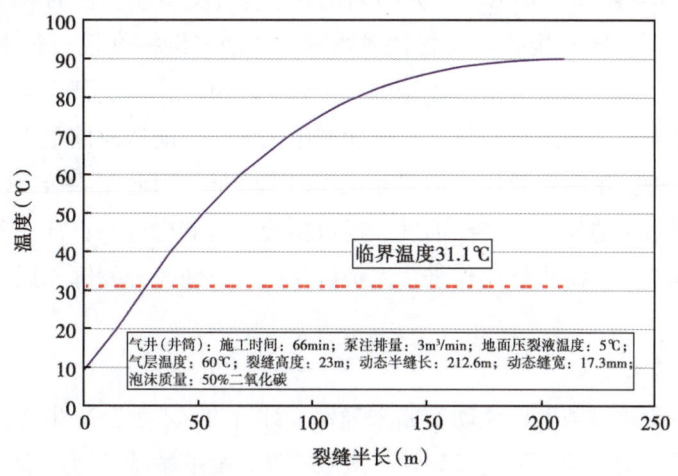

图2-9　施工结束后裂缝内部的温度场曲线图

### 三、二氧化碳井筒温度场及发泡条件综合分析

（1）泡沫压裂液的泡沫质量一般在65%~80%之间，液体呈层流流动，泡沫比较稳定，具有较高的黏度和携砂能力。

（2）二氧化碳汽化的临界温度为31℃。压裂施工时只有大于其临界温度，泡沫压裂液才能发泡。

（3）根据井筒温度场变化情况可以看出，如果地面温度较高，有利于二氧化碳发泡，从而有利于提高压裂液的携砂能力。

（4）根据裂缝温度场变化情况可以看出，裂缝中大部分地区温度均高于二氧化碳临界温度31℃，因此，二氧化碳压裂液在地层中基本具备发泡条件。施工结束后，裂缝中大部分区域温度均大于临界温度，有利于液体返排。

## 第四节　二氧化碳泡沫压裂技术的适应性分析

我国大多数低渗透（致密）气藏，不仅绝大多数必须经过压裂改造才可能形成工业气流，且这些气藏都具有气层压力系数较低、水锁伤害较严重等特性，因此对外来流体敏感；在压裂施工过程中，常规水基压裂液由于压后返排较困难，导致外来流体滤失进入地层带来严重的地层伤害，直接影响到压后天然气的产能。压裂改造时储层对压裂液的敏感程度是影响压裂效果的重要因素之一。因此，研究储层的敏感性特征，选择与之相匹配的压裂液体系，对于提高储层增产改造效果至关重要。

## 一、储层的敏感性

储层敏感性（reservoir sensitivity）是指储层对于各种类型地伤害的敏感性程度。油气储层中普遍存在着黏土、碳酸盐矿物及含铁矿物等，在油气勘探开发过程中钻井、固井、完井、射孔、开采、注水、修井、增产措施的每个施工环节中，储层都会与外来液体及其固体微粒接触。由于外来液体与地层流体不配伍而产生沉淀，可能造成储层中黏土矿物的膨胀或产生微粒运移等，都会堵塞孔隙通道使得储层渗透率降低，因此储层敏感性直接影响储层的生产能力，甚至导致不能发现或产出油气。通过实验分析储层敏感特征，确定压裂液性质和类型，可在各个施工环节防止储层伤害、保护好储层，以便充分发挥储层产能，达到科学开发油气田的目的。

### （一）敏感性基本定义

储层敏感性需要通过敏感性流动实验来确定，评价方法按照 SY/T5358—2010 执行。敏感性实验一般包括水敏感性、流速敏感性、酸敏感性、盐度敏感性、碱敏感性、压力敏感性 6 种实验。

水敏感性（简称水敏）：指较低矿化度的注入水进入储层后引起黏土膨胀、分散、运移，使得渗流通道发生变化，导致储层岩石渗透率发生变化的现象。

流速敏感性（简称速敏）：是指因流体流动速度变化引起储层岩石中微粒运移从而堵塞孔隙喉道，导致储层岩石渗透率发生变化的现象。

酸敏感性（简称酸敏）：是指酸液与储层矿物接触发生反应，产生沉淀或释放出颗粒，导致储层岩石渗透率发生变化的现象。

盐度敏感性（简称盐敏）：是指一系列矿化度不同的盐水进入储层后，因流体矿化度发生变化引起黏土矿物膨胀、分散或运移，导致储层岩石渗透率发生变化的现象。

碱敏感性（简称碱敏）：是指碱性液体与储层矿物接触发生反应，产生沉淀或引起黏土分散、运移，导致储层岩石渗透率发生变化的现象。

应力敏感性（简称压敏）：是指岩石所受净上覆压力改变时，孔—喉通道变形，裂缝闭合或张开，导致储层岩石渗透率发生变化的现象。

### （二）敏感性有关术语

临界流速：指随着流速的增加，不同流速下岩石渗透率与初始渗透率相比较，变化率大于 20% 时所对应的前一个点的流速。

临界盐度：指随着盐度的升高或降低，不同盐度下岩石渗透率与初始渗透率相比较，变化率大于 20% 时所对应的前一个点的盐度。

临界 pH 值：指随着注入液 pH 值的不断上升，不同 pH 值下岩石渗透率与初始渗透率相比较，变化率大于 20% 时所对应的前一个点的 pH 值。

临界应力：指随着加载到岩心上的净上覆压力的增加，不同净上覆压力下岩石渗透率与初始渗透率相比较，变化率大于 20% 时所对应的前一个点的净应力值。

地层微粒：指存在于砂岩地层孔隙间疏松的或者未胶结的固体离子和通常小于 $37\mu m$ 的粒子。微粒的来源分为来至地层内部和外部侵入的和化学反应生成无机垢或有机垢。影响微粒运移的因素包括如矿化度、流量、pH 值、温度、残余油饱和度、润湿性等。

### （三）储层敏感性伤害机理及影响因素

储层敏感性主要受储层敏感性矿物（如蒙皂石、伊利石、伊/蒙混层等）影响，还受岩石物性（如孔隙度、渗透率等）因素影响。

水敏的根本原因主要与储层中黏土矿物的特性有关，如蒙皂石、伊/蒙混层在接触到淡水时发生膨胀后体积比正常体积大许多倍，并且高岭石在接触到淡水时由于离子强度突变会扩散运移。膨胀的黏土矿物占据许多孔隙空间，非膨胀黏土的扩散释放出许多颗粒。黏土矿物含量的高低直接影响着储层水敏性的强弱。此外，影响储层水敏伤害程度的因素不仅与黏土矿物的种类和含量有关，还取决于黏土矿物在地层中的分布形态及地层的孔隙结构特征等。

速敏的根本原因是微粒运移。实践证明，微粒运移在油（气）田的试油（气）、采油（气）和注水等各个作业环节中都可能发生，而且是各种伤害的可能性原因中最主要的一种。它主要取决于流体动力的大小，流速过大或压力波动过大都会促使微粒运移。地层微粒主要有以下几种来源：一是地层中原有的自由颗粒和可自由运移的黏土颗粒；二是受水动力冲击脱落的颗粒；三是由于黏土矿物水化膨胀、分散、脱落并参与运移的颗粒。这些微粒将随流体运动而运移至孔隙喉道处，或是单个颗粒堵塞孔隙，或是几个颗粒架桥在孔隙喉道处形成桥堵，并拦截后来的颗粒造成堵塞性伤害。

酸敏导致储层损害的形式主要有两种，一是产生化学沉淀或凝胶；二是破坏岩石原有结构，产生或加剧速敏。影响酸敏的因素主要有以下几种：一是储层含绿泥石、菱铁矿、辉铁矿等含铁矿物较多，易形成铁的氢氧化物沉淀，当 pH 值升高时，铁离子会产生不溶性的氢氧化物沉淀，堵塞孔隙吼道，使增产措施效果降低；二是土酸中的 $F^-$ 与 $Ca^{2+}$、$Mg^{2+}$ 反应生成不溶性的 $CaF_2$、$MgF_2$，同时石英可以与氢氟酸反应生成氟硅酸盐和水化硅凝胶，堵塞孔隙喉道，导致渗透率下降；三是酸化释放出的黏土颗粒发生膨胀运移，也会降低酸化效果。

盐敏的根本原因是储层中黏土矿物对于注入水的成分、离子强度及离子类型很敏感。盐敏伤害机理与水敏伤害机理类似，如蒙皂石、伊/蒙混层矿物与低矿化物流体接触时发生膨胀，高岭石在储层流体离子强度突变时会扩散运移等。

碱敏的主要原因是储层中含有碱性矿物，如隐晶质类石英、碳酸盐、黏土组分中的高岭石、蒙脱石等，由于地层流体 pH 值一般为 4~9，如果进入储层的外来流体 pH 值过高或过低，都会引起外来流体与储层的不配伍问题。碱敏伤害机理主要有：一是碱性工作液（压裂液、钻井液等）诱发黏土矿物分散，造成结构失稳，黏土晶片相互排斥而分散，在流体作用下易产生运移，堵塞孔隙喉道，降低储层渗透率；二是高 pH 值碱液对黏土矿物及石英、长石的溶解作用，会产生胶体或沉淀影响储层渗透率。

压敏的影响因素有内因和外因。内因是储层性质，包括岩石组成和岩性、胶结和蚀变的程度、胶结物类型、孔隙结构、颗粒分选性及接触关系等。外因是孔隙中流动介质性质、孔隙压力变化规律等。应力敏感的机理是当岩石从一个应力状态改变到另一个应力状态后，必然引起岩石的压缩或拉伸，即岩石发生弹性或塑性变形，同时还引起岩石孔隙结构和孔隙体积的变化，如孔隙体积的缩小、孔隙喉道和裂缝闭合等，这种变化将大大影响流体在其中的渗流性。因此，岩石所承受的净应力改变所导致的储层渗流能力的变化时储层岩石的变形和流体渗流相互作用和相互影响的结果。

### （四）储层敏感性实验结果

1. 实验原理

根据石油天然气行业标准《储层敏感性流动实验评价方法》（SY/T 5358—2010）开展本次实验。其实验原理是，根据达西定律在实验设定的条件下注入各种与地层伤害有关的流体，或改变渗流条件（流速、净围压等），测定岩样的渗透率及其变化，以评价储层渗透率伤害程度。包括水敏性、酸敏性、速敏性、碱敏性、盐敏性、压敏性等指标来评价储层的各种敏感性程度。

对于致密、低压气藏，其非均质性强，孔隙结构特征表现为孔—喉结构变化大。压裂改造时储层对压裂液的敏感程度是影响压裂效果的重要因素之一。

2. 实验结果

对4口井9块岩心开展了水敏、盐敏实验，水敏实验模拟地层水，盐敏实验采用标准盐水进行分析，其储层敏感性分析结果见表2-2，水敏分析图如图2-10所示，盐敏分析图如图2-11所示。

表2-2 西北某气田岩心敏感性评价综合数据

| 序号 | 样号 | 深度（m） | 层位 | 空气渗透率（mD） | 孔隙度（%） | 敏感性 | 评价指标临界值 |
|---|---|---|---|---|---|---|---|
| 1 | 214-49 | 2889.3~2893.2 | 山2段 | 0.752 | 10.4 | 水敏 | 弱水敏 |
| 2 | 214-50 | 2889.3~2893.2 | 山2段 | 1.080 | 9.4 | 水敏 | 弱水敏 |
| 3 | 214-54 | 2889.3~2893.2 | 山2段 | 2.157 | 7.9 | 水敏 | 中等—偏弱水敏 |
| 4 | 215-43 | 2737.5~2739.45 | 山2段 | 4.750 | 10.7 | 水敏 | 中等—偏弱水敏 |
| 5 | 215-47 | 2737.5~2739.45 | 山2段 | 1.400 | 9.1 | 水敏 | 中等—偏弱水敏 |
| 6 | 215-45 | 2737.5~2739.45 | 山2段 | 0.916 | 9.8 | 盐敏 | 40000mg/L |
| 7 | 2-68-22-5-1 | 3454.74 | 盒8段 | 11.4 | 1.05 | 水敏 | 弱水敏 |
| 8 | 2-68-38-6-1 | 3455.64 | 盒8段 | 16.0 | 32.7 | 水敏 | 弱水敏 |
| 9 | 1-113-85-6-1 | 3568.8 | 盒8段 | 10.1 | 1.62 | 水敏 | 弱水敏 |

水敏：山2段的水敏程度属中等水敏和弱水敏；盒8段的水敏程度属弱水敏。由于储层孔隙喉道小、毛细管阻力高、水锁伤害大，由此可知，水基压裂液对储层渗透率的影响属中等—偏弱。

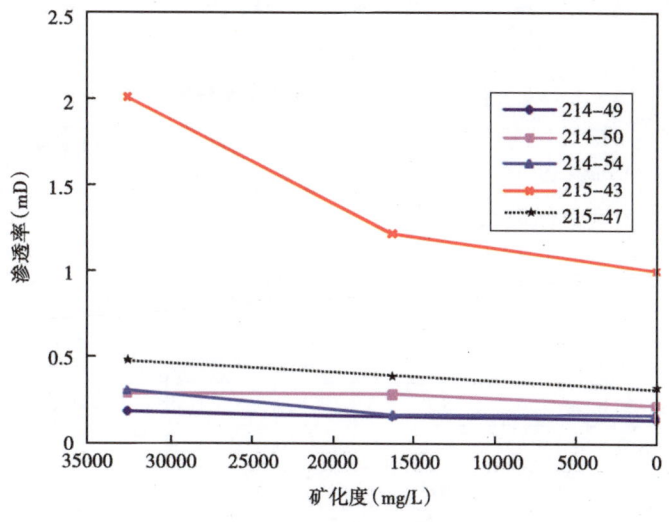

图 2-10　水敏性分析结果

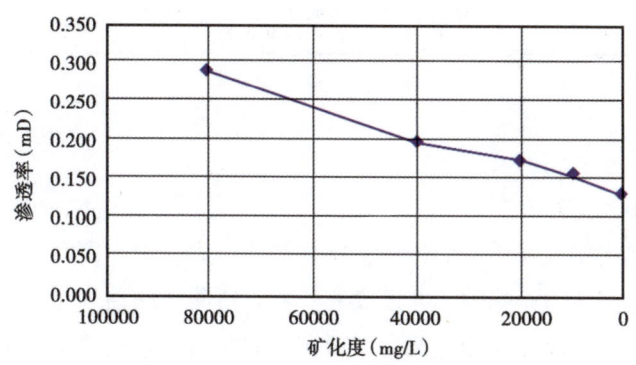

图 2-11　盐敏性分析结果

速敏：山 2 段速敏程度为中等—偏弱；盒 8 段速敏程度为弱速敏。这主要是由于上古生界岩石微粒胶结致密。当液体通过岩心流速发生变化时，微粒不易脱落和运移所致。

酸敏：山 2 段和盒 8 段均为弱酸敏。

盐敏：山 2 段和盒 8 段属弱盐敏和无盐敏储层，压裂改造若用氯化钾溶液作为压井液或压裂液防膨剂，不会对地层造成新的伤害。

### （五）水锁伤害

水基压裂液一般存在以下问题：孔隙喉道小、毛细管阻力高、水锁伤害大，压后返排率低、排液时间长；自喷排液量少、压裂进入地层的水基液量大，压裂会造成对地层的二次伤害。经研究发现低渗透油藏和低渗透气藏伤害机理有明显的差异，油藏伤害是以膨胀为主，而气藏伤害是以吸附伤害、水锁伤害为主。表 2-3 是岩心水锁伤害实验结果。从表 2-3 中可以看出，该低渗透气藏水锁伤害严重。针对这一特点，在对低渗透气藏的改造中，必须要研究新的压裂液体系,使压裂液对气藏的伤害降低到最低限度,以进一步提高气藏单井产量。

表 2-3 岩心水锁伤害实验结果

| 样号 | 层位 | 孔隙度（%） | 气体渗透率（mD） | 伤害程度（%） | 水锁程度评价 |
|---|---|---|---|---|---|
| 5-33-5 | 山1段 | 9.9 | 0.261 | 80.04 | 强水锁 |
| 5-33-6 | 山1段 | 10.5 | 0.34 | 71.29 | 中等水锁 |
| 4-97-5 | 山2段 | 7.7 | 1.794 | 87.83 | 强水锁 |
| 2-96-6 | 山2段 | 6.3 | 0.234 | 78.76 | 强水锁 |
| 3-22-6 | 盒8段 | 8.9 | 0.365 | 72.33 | 中等水锁 |
| 1-42-6 | 盒8段 | 6.1 | 0.303 | 55.45 | 中等水锁 |
| 4-74 | 盒9段 | 8.5 | 0.404 | 93.53 | 强水锁 |
| 3-23 | 山1段 | 5.5 | 0.524 | 98.12 | 强水锁 |
| 3-126 | 山2段 | 10.8 | 0.267 | 70.17 | 中等水锁 |
| 3-29 | 山2段 | 8.3 | 0.198 | 96.24 | 强水锁 |
| 3-49 | 山2段 | 10.3 | 0.547 | 95.62 | 强水锁 |

## 二、储层压力

### (一) 储层压力的定义

地层压力是指地层中流体承受的压力,又称油藏压力。地层压力分为原始地层压力和目前地层压力,原始地层压力是指油气井还没有开发时所测得的油气层中部压力;目前地层压力是指油气井开发到某个时期从油气层中部所测得的压力,它比原始地层压力小。

压力系数是指地层压力与地层静水柱压力的比值。压力系数是判别地层压力是否异常的一个主要参数。压力系数分为原始地层压力系数和目前地层压力系数。地层原始压力系数是指原始地层压力与静水柱压力的比值。当原始地层压力系数等于1时,属于正常地层压力系统;大于1时,称为高异常地层压力,或称为高压异常;小于1时,称为低异常地层压力,或称低压异常。压力系数对钻井、修井、射孔、压裂等工程有重要作用,高压异常地层钻井修井过程中要加大压井液的密度,以防止井喷,但高密度压井液对储层伤害大;低压异常地层钻井修井时,要相应降低压井液的密度,防止井漏,伤害地层,但压裂后压裂液返排能量不充足影响液体返排率,从而影响压裂效果。地层压力系数也是确定开发层系的一个重要依据,相同压力体系的地层可以用同一套井网开发,不同压力体系的地层需要用不同的井网进行开发,否则层间干扰太大,不能有效发挥地层产能,有时可能造成井下倒灌现象的发生。

### (二) 储层压力测试结果

表2-4是西北某气田储层压力测试结果。从结果得知,盒8段压力系数平均为0.847,山1段压力系数平均为0.877。按照石油天然气行业标准《气藏分类》(SY/T 6168—1995)

判定,属于低压气藏。

表 2-4　西北某气田储层压力测试结果

| 井号 | 层位 | 气层深度（m） | 气层中深（m） | 静压（MPa） | 压力系数（MPa/100m） |
|---|---|---|---|---|---|
| S1 | 盒 8 段 | 3550.0~3560.1 | 3555.05 | 30.149 | 0.8480 |
| S4 | 盒 8 段 | 3285.8~3328.8 | 3307.3 | 27.074 | 0.8186 |
| S5 | 盒 8 段 | 3290.3~3316.3 | 3303.3 | 29.053 | 0.8795 |
| S6 | 盒 8 段 | 3315.9~3331.9 | 3323.9 | 27.753 | 0.8350 |
| S10 | 盒 8 段 | 3247.5~3271.4 | 3259.45 | 28.053 | 0.8607 |
| S13 | 盒 8 段 | 3339.8~3344.4 | 3342.1 | 29.306 | 0.8769 |
| S15 | 盒 9 段 | 3216.0~3228.0 | 3222.0 | 24.711 | 0.7670 |
| S16 | 盒 9 段 | 3341.3~3358.0 | 3349.65 | 29.236 | 0.8728 |
| S18 | 盒 9 段 | 3555.9~3572.0 | 3563.95 | 28.731 | 0.8061 |
| S20 | 盒 9 段 | 3467.0~3472.4 | 3469.7 | 28.906 | 0.8331 |
| S21 | 盒 9 段 | 3436.4~3440.3 | 3438.35 | 30.762 | 0.8947 |
| S22 | 盒 8 段 | 3522.1~3533.9 | 3528.0 | 31.502 | 0.8929 |
| S25 | 盒 9 段 | 3200.0~3210.1 | 3205.05 | 26.468 | 0.8258 |
| 合计 | 盒 8-9 段 | — | 3374.45 | 28.593 | 0.847 |
| S3 | 山 1 段 | 3601.8~3612.5 | 3607.15 | 30.823 | 0.8545 |
| S14 | 山 1 段 | 3501.9~3508.1 | 3505.0 | 31.496 | 0.8986 |

目前我国绝大多数油气藏的地层压力都较低,压力系数都小于1,这种低压油气藏,压后压裂液返排的能量低,多数油气藏压后不能自喷排液,需要借助气举等外来工艺措施才能实现压裂液的正常返排。因此,对这类储层进行压裂增产措施,必须选择提高返排效率的压裂液体系,才能保证压后液体返排率,以提高压裂效果。

### 三、二氧化碳泡沫压裂液的优点

二氧化碳泡沫压裂技术对于低压、水敏或水锁气藏等对水较为敏感的地层,可以减少水基压裂液的用液量、控制液体滤失、提高压裂液效率,为压后工作液返排提供了气体驱替作用从而可提高压后返排率,降低压裂液对储层的伤害,可进一步提高低渗透气藏增产改造效果。因此,二氧化碳泡沫压裂技术不是"放之四海而皆准"的技术,它具有一定的适应性。

# 第三章　二氧化碳泡沫压裂液体系

二氧化碳泡沫压裂液是由液态二氧化碳、原胶液和各种化学添加剂组成的液—液两相混合体系，向井下注入过程中，随着温度的升高，达到31℃临界温度以后，液态二氧化碳开始汽化，形成以二氧化碳为内相、含高分子聚合物的水基压裂液为外相的气—液两相分散体系。

## 第一节　压裂工艺对二氧化碳泡沫压裂液的要求

20世纪60年代初，压裂工艺发展的一个重要方面就是二氧化碳的应用，二氧化碳最初是作为地层处理液返排时的助排剂，被用到油气井的增产措施中。把二氧化碳混合至油基或水基压裂液并泵入到井中，其用量应使得作业后，足以举升压裂液返排出井筒。之后进一步发展到压裂液中混入高比例的二氧化碳，甚至占压裂液系统的50%~70%，从而缩小了压裂液（水基）的体积，并有充足的能量返排压裂液，提高了压裂液的返排效率。

压裂工艺要求压裂液具有以下几个特性。
(1) 良好的携砂能力。
(2) 较好的抗剪切性能。
(3) 低摩擦阻力特性。
(4) 低伤害特性。
(5) 低滤失特性。
(6) 高助排特性。

## 第二节　酸性交联剂及添加剂优选

### 一、实验仪器及实验内容

#### （一）样品及主要仪器
羟丙基瓜尔胶（油田井下化工厂，油田取样）
黏土稳定剂 KCl（工业品，油田取样）
杀菌剂 SQ-8（油田井下化工厂，油田取样）
起泡剂 YFP-1（油田井下化工厂，油田取样）

起泡剂 FL-36（华兴化学试剂厂，油田取样）

助排剂 CF-5A（油田井下化工厂，油田取样）

助排剂 DL-10（华兴化学试剂厂，油田取样）

酸性交联剂 AC-8（华兴化学试剂厂，油田取样）

交联剂 JLJ-3（国外样品，公司送样和现场取样）

起泡剂 AMPHOAM75（国外样品，公司送样）

助排剂 QPJ-418（国外样品，公司送样）

稠化剂 ZCJ-7（国外样品，公司送样）

稠化剂 KH-60（国外样品，现场取样）

多功能泡沫流动回路实验装置（美国 CER 公司）

RV20 旋转黏度计（德国 Haake 公司）

CS-100 控制应力流变仪（英国 Carri-med 公司）

## （二）起泡及稳泡性能试验

起泡及稳泡性能试验是筛选起泡剂、稳定剂等添加剂的基础试验。本研究中采用搅拌—静置试验方法。即量取加有起泡剂的水溶液或加有起泡剂和稳定剂的水溶液 240mL，置于 WARING 混调器中，通过调压器将工作电压调为 160V，搅拌液体 2min，形成泡沫后，快速将泡沫倒入带封口的 1000mL 量筒中，测量泡沫的体积；同时记录从泡沫析出不同液量（水溶液）的时间。以形成泡沫体积的多少表征起泡能力；以析出一半液量（120mL 水溶液）的时间表征泡沫的半衰期，即泡沫的稳定性。

## （三）压裂液耐温耐剪切性能评价试验

压裂液耐温耐剪切性能试验使用 RV20 旋转黏度计，按《水基压裂液性能评价方法》（SY/T 5107—1995）中 6.2.2 进行。二氧化碳泡沫压裂液是在改进的 RV20 旋转黏度计中进行的，在原仪器中增加了二氧化碳进样系统和计量系统。在试验前，根据试验要求计算所需二氧化碳量和压裂液量。在试验时首先将制备好的压裂液样品装入 RV20 套筒中，测试压裂液的流变性能；加入二氧化碳泡沫气体，形成泡沫压裂液，对密闭套筒加热，控制升温速度为 $3.0\pm0.2$℃/min，同时转子以 $170s^{-1}$ 转动，样品在加热条件下连续剪切直到达到设定温度，分别测试在不同条件下的泡沫压裂液的耐温、耐剪切性能和流变性能。

## （四）静态与动态滤失试验

使用高温高压静态滤失仪，在一定温度和压力下，测试二氧化碳酸性介质交联压裂液在不同温度、时间的滤失量，按《水基压裂液性能评价方法》计算压裂液的滤失参数（滤失系数 $C_{\text{III}}$、初滤失量和滤失速率）。该静态滤失方法可以表征在现场施工中二氧化碳以冷却液体形式与压裂液混合，进入地层而未形成泡沫之前时的滤失特性。

使用多功能回路泡沫试验装置，在一定温度和压力下可动态模拟形成二氧化碳泡沫压裂液，测试在不同时间内流经岩心表面的滤失量，计算泡沫压裂液的滤失性能。

### （五）动态模拟试验

利用多功能泡沫流动回路，模拟泡沫压裂液在现场的施工流变过程。该装置包括配液及添加剂加入系统，包括气源系统（二氧化碳或氮气）、管路循环系统、加热系统、动态滤失系统、回压调节及控制系统、图象采集及数据处理系统。可以研究泡沫压裂液在不同条件下（温度、压力、配方）起泡、稳泡、流变、滤失和泡沫结构变化。

### （六）黏弹性试验

使用 RS-75 控制应力流变仪，在振荡模型下，按《压裂用交联剂性能试验方法》(SY/T 6216—1996) 中 5.9 黏弹性测定泡沫压裂液的黏弹特性。

### （七）支撑剂沉降试验

利用自制的支撑剂沉降仪，测定不同条件下支撑剂的沉降速率。

### （八）压裂液破胶与残渣性能试验

取配制好的泡沫压裂液，按《水基压裂液性能评价方法》将密闭容器放置于一定温度下破胶，测试破胶性能和压裂液残渣含量，压裂液残渣含量以形成的泡沫体积为基础进行计算。

### （九）压裂液的表面化学特性与吸附特性试验

使用全自动张力仪，采用挂片法或挂环法分别测试不同流体（助排剂或破胶液）在不同条件下的表面张力；制备标准的岩心片，分别测试不同流体在不同条件下的吸附量，计算吸附速率与接触角。

## 二、添加剂优选

### （一）起泡剂优选

起泡剂是泡沫压裂液的重要添加剂之一。其性能的好坏直接影响泡沫压裂液的起泡能力和稳泡能力。借助表面活性剂使之形成稳定的泡沫，这种作用称为起泡，目前人们对起泡的作用机理尚不能很好地解释，概括起来有以下几个方面：(1) 表面活性剂能降低气液界面张力，使泡沫体系相对稳定；(2) 在包围气体的液膜上形成双层吸附，清水基在液膜内形成水化层，液相黏度增高，使液膜稳定；(3) 表面活性剂的亲油基相互吸引、拉紧，而使吸附层的强度提高；(4) 离子型表面活性剂因电离而使泡沫荷电，它们之间的相互排斥力阻碍了相互接近和聚集。

能稳定泡沫的物质称为起泡剂，起泡剂多为表面活性剂，但不同的表面活性剂因其结构差异导致其起泡和稳泡能力不同。具有良好起泡剂的表面活性剂必须具备两个条件，即易于产生泡沫和产生的泡沫具有较好的稳定性。易于产生泡沫要求表面活性剂具有良好的降低表面张力能力。从分子结构看，对一定亲水基的表面活性剂，要求亲油基有一个适当长度的烃链以达到界面的吸附平衡；泡沫稳定性要求表面活性剂的吸附层有足够的强度，以增加其弹性，减少液体的排泄量。

由阴离子、阳离子和非离子组成的起泡剂都具有良好的起泡性能，但不同的起泡剂仍然在起泡与稳泡方面具有一定差异。将油田压裂酸化用主要起泡剂 FL-36、YPF-1 和 B-18 进行了起泡和稳泡性能对比试验,试验结果见表 3-1 和表 3-2。这些起泡剂都是不同表面活性剂的复配型,性能都较单一组分好,但不同起泡剂之间仍有部分差异。从起泡效率和泡沫稳定性对比看,FL-36 起泡剂性能最好,B-18 起泡剂和 YPF-1 起泡剂性能相当。

表 3-1  不同起泡剂起泡性能对比表

| 起泡剂代号 | FL-36 | YPF-1 | B-18 |
| --- | --- | --- | --- |
| 起泡效率(%) | 243.8 | 210.4 | 220.8 |
| 泡沫质量(%) | 70.9 | 67.8 | 68.8 |

表 3-2  不同起泡剂起泡稳定性(半衰期)对比

| 起泡剂代号 | FL-36 | YPF-1 | B-18 |
| --- | --- | --- | --- |
| 半衰期(min) | 21.2 | 13.7 | 7.0 |

图 3-1、图 3-2 分别是不同起泡剂水溶液加热前后和对岩心吸附前后表面张力变化对比结果。图 3-1 显示在 80℃下,这两种起泡剂均具有良好的温度稳定性,YPF-1 水溶液表面张力由 26.59mN/m 降低为 26.13 mN/m,降低幅度小;而 FL-36 起泡剂由 24.42mN/m 降低为 20.56 mN/m,降低幅度大,低的表面张力更有利于起泡。从图 3-2 看,不同的起泡剂对岩心吸附能力强弱有较大差异,YPF-1 水溶液表面张力由 26.59mN/m 上升为 42.20 mN/m,增幅大,吸附能力强;而 FL-36 起泡剂由 24.93mN/m 仅上升为 25.03 mN/m,保持了对岩心的非吸附特性。图 3-3、图 3-4 分别是不同起泡剂水溶液起泡效率和稳泡特征对比结果。

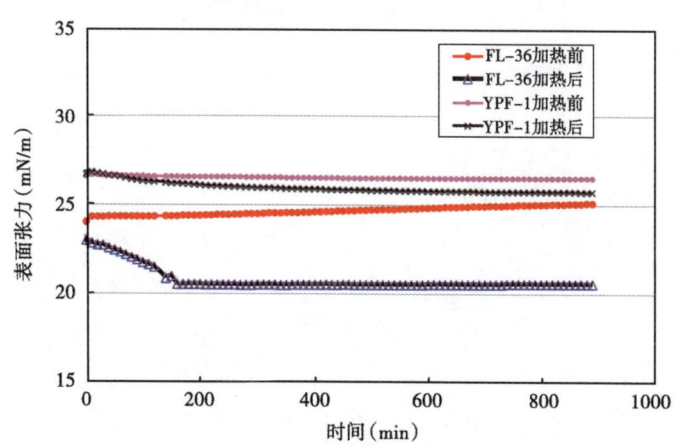

图 3-1  FL-36 起泡剂与 YPF-1 起泡剂水溶液热稳定性对比图(80℃)

可见,无论从起泡效率和泡沫稳定性对比看,FL-36 起泡剂性能最好,B-18 起泡剂和 YPF-1 起泡剂性能相当。因此,在本次泡沫压裂液试验中,将 FL-36 起泡剂作为首选添加剂,YPF-1 起泡剂和 B-18 起泡剂为试验可用起泡剂。

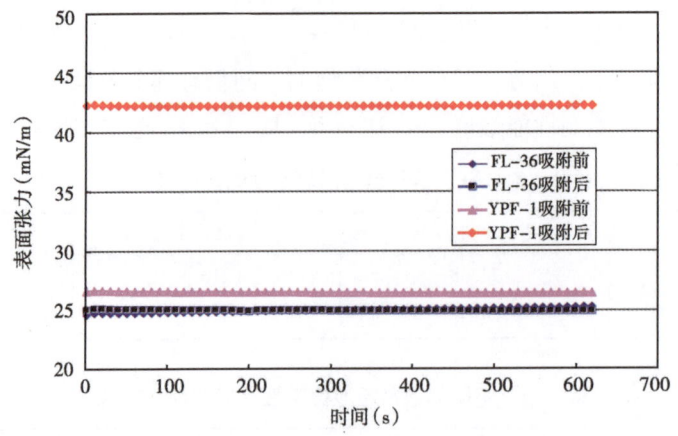

图 3-2　不同起泡剂对 G4-5 井岩心（2-95-110）吸附特性对比图（80℃）

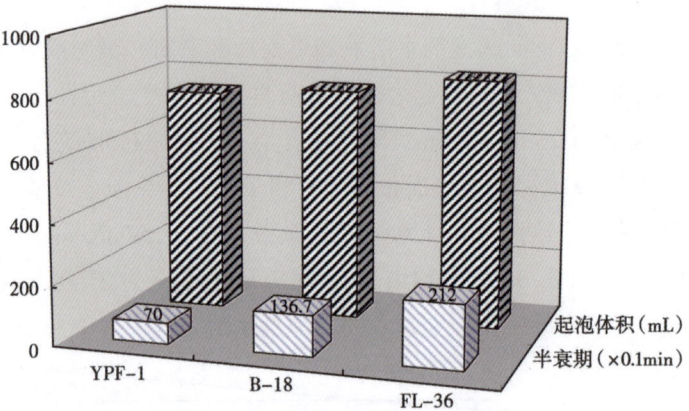

图 3-3　不同起泡剂的起泡效率与稳泡特性图（1.0%水溶液）

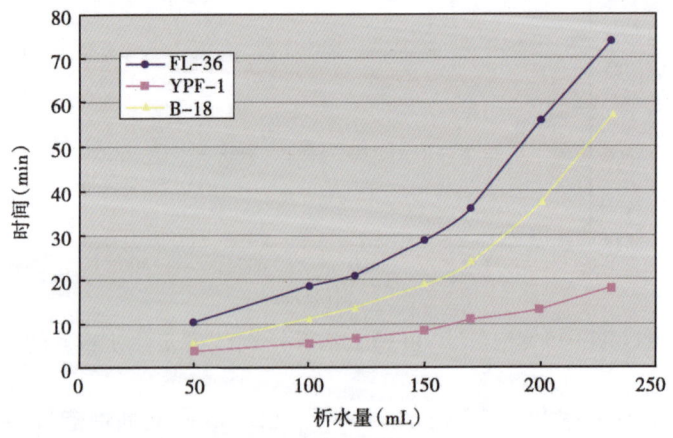

图 3-4　不同起泡剂水溶液的泡沫稳定性对比图

在气井压裂施工前,进一步分析检测现场到样压裂液添加剂性能,实验发现 FL-36 起泡剂起泡与稳泡性能较好,与实验室性能一致;但与酸性交联剂 AC-8 存在明显的"盐析"现象,单独混合影响起泡与稳泡性能。进一步红外光谱分析表明,这是由于在这批产品生成过程中,起泡剂中某一种组分的质量不纯所致。因此,在现场压裂施工中,部分井启用了备用的 YPF-1 起泡剂。

### (二)稳泡剂的优选

起泡剂在水溶液中稳泡能力较差(半衰期一般小于 15min),不能满足压裂施工要求。因此,泡沫压裂液稳泡技术是其主要研究内容之一。改善流体流变性、增加黏度、增大泡沫之间膜的强度是增强泡沫稳定性的技术关键。对于泡沫压裂液使用的稳泡剂就是水基压裂液中常用的稠化剂。在考察这种稳泡剂时不仅要求水不溶物含量低,而且要求还具有强的增稠能力。同时考虑到液体二氧化碳显酸性,二氧化碳泡沫压裂液存在酸性交联问题,国外哈里伯顿、必捷(BJ)等公司多采用羧甲基瓜尔胶(CMG)或羧甲基羟丙基瓜尔胶(CMHPG)为二氧化碳泡沫压裂液的稳泡剂。但国内没有工业化的羧甲基瓜尔胶(CMG)或羧甲基羟丙基瓜尔胶(CMHPG)压裂液稠化剂,仅有羧甲基瓜尔胶小样,因此只有在现有稠化剂的基础上,进行稳泡剂的优选。不同稳泡剂(稠化剂)的性能对比见表 3-3。由表 3-3 可见,国外改性羟丙基瓜尔胶增黏效果好且残渣较低;国内改性的羧甲基瓜尔胶和羧甲基皂仁可能是由于改性工艺的差异,综合性能较差,增黏效果差,水不溶物含量高,影响了交联性能;从目前国内现有材料、经济和库存情况考虑,暂优选国内羟丙基瓜尔胶(GRJ)为本方案泡沫压裂液的稳泡剂。

表 3-3 不同稳泡剂(稠化剂)性能对比表

| 稠化剂类型 | 1%溶液黏度<br>(mPa·s) | 水不溶物<br>(%) |
|---|---|---|
| 瓜尔胶 | 305 | 24.5 |
| 羟丙基瓜尔胶(国外) | 298 | 4~5 |
| 羟丙基瓜尔胶(国内) | 250~270 | 10~15 |
| 羧甲基瓜尔胶(小样) | 124 | 15.6 |
| 羧甲基皂仁(小样) | 69 | 18.4 |
| 香豆胶 | 150~180 | 10~13 |
| 改性田菁胶 | 120~170 | 10~19 |

不同浓度的羟丙基瓜尔胶水溶液,对泡沫的起泡与稳泡影响不同,结果如图 3-5 所示。由图 3-5 可知,羟丙基瓜尔胶水溶液浓度越大,形成的泡沫半衰期越长,即泡沫越稳定;同样也使得泡沫体积变小,起泡能力变弱。

对于不同类型的压裂液体系,其起泡与稳泡的能力也不同。图 3-6 表示相同浓度的羟

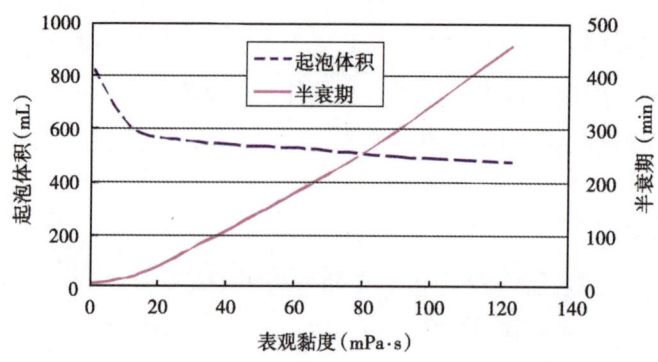

图 3-5 羟丙基瓜尔胶水溶液对泡沫起泡与稳泡的影响图

丙基瓜尔胶线性胶压裂液和交联冻胶压裂液起泡及稳泡性能。由图 3-6 可见,当羟丙基瓜胶水溶液的表观黏度为 48mPa·s 时,加入 1% 的 FL-36 起泡剂,线性胶压裂液及冻胶压裂液的黏度、起泡体积和泡沫的半衰期都有较大地提高。线性胶压裂液的起泡体积较半衰期有较大幅度地提高;冻胶压裂液泡沫的半衰期有明显改善。

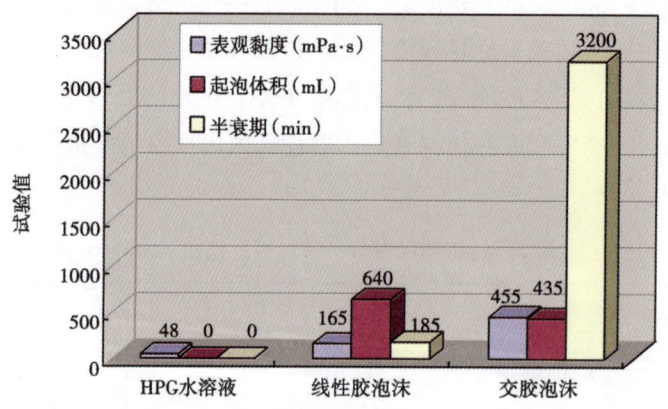

图 3-6 不同流体的起泡与稳泡特性对比图(30℃,0.1MPa)

### (三)黏土稳定剂的选择

针对西北某气藏的低压、低孔、低渗透、低产储层,以石英砂岩(山 2 段)和碎屑石英砂岩为主。充填于骨架颗粒之间的细小填隙物(包括杂基和胶结物)是储层敏感性的关键因素。若与不配伍的工作液接触,极可能发生水化膨胀、分散、运移、酸敏、碱敏等现象,造成地层伤害。储层岩心 X 射线衍射分析表明,地层中石英含量达 80% 以上,同时还含有一定的黏土矿物(平均含量为 5.4%)。

岩心电子显微镜扫描分析也进一步证实了储层中含有易水化膨胀的伊/蒙混层、易分散运移的丝状伊利石和易发生酸敏的少量绿泥石的存在。大量岩心试验表明,储层具有强水锁、低水敏、低速敏和低盐敏(见表 2-2)等特性。注入地层的压裂液不仅要求具有一定的黏土稳定能力(表 3-4),而且应与地层水矿化度配伍,才能有效地降低压裂液对储层的伤害。阳离子聚合物具有较好的长效稳定黏土作用，但由于属长链大分子，在低渗透地层会造成一定孔隙堵塞，矿化度匹配性较差。因此，选用氯化钾作为二氧化碳泡沫压裂液的黏土稳定剂，使用浓度根据储层黏土矿物相对含量确定，一般推荐浓度为1%~2%。

表3-4 黏土稳定剂的防膨效果表

| 时间<br>（min） | 膨胀量（mm） | | | |
| --- | --- | --- | --- | --- |
| | 清水 | 2%氯化钾 | 0.2%COP-1 | 破胶液 |
| 15 | 0.1732 | 0.1179 | 0.0911 | 0.0519 |
| 30 | 0.1750 | 0.1214 | 0.0928 | 0.0661 |
| 60 | 0.1804 | 0.1268 | 0.1018 | 0.0964 |
| 90 | 0.1804 | 0.1321 | 0.1018 | 0.1018 |
| 120 | 0.1804 | 0.1321 | 0.1054 | 0.1054 |
| 150 | 0.1821 | 0.1339 | 0.1071 | 0.1071 |
| 180 | 0.1821 | 0.1339 | 0.1071 | 0.1071 |

注：破胶液中含0.5%氯化钾，其中pH值为4.0，黏度为2.2mPa·s。

**（四）破胶剂的选择**

破胶剂是压裂施工结束后，实现压裂液冻胶快速降解为低分子、低黏度水溶液的关键添加剂。压裂液破胶剂经历了常规酶（α淀粉酶等）、常规过氧化物（过硫酸铵、钾等）、胶囊破胶剂到现在的特效专用瓜尔胶酶（国外专利产品）的发展。目前，国内大量使用的仍是过硫酸铵和氧化型胶囊破胶剂。压裂液在满足施工对流变性能（高黏度）的同时，为了达到快速且彻底地破胶，加快返排，要求加大破胶剂用量。为避免高浓度破胶剂对压裂液流变性能的影响，压裂液破胶体系选用过硫酸盐与胶囊破胶剂配套技术。破胶剂的用量根据压裂施工过程中温度场的变化进行优化加入。

**（五）酸性交联剂的选择**

交联是将压裂液高分子长链中的活性基团通过交联离子连接起来，形成具有三维网状的黏弹性冻胶。由于交联环境（pH值）不同，交联剂可分为酸性交联剂和碱性交联剂。目前，国内外压裂液多为碱性交联，pH值为7.5~13；而酸性介质通常作为破胶剂，因此，酸性交联剂成为攻关的难点。二氧化碳泡沫压裂液是将液体二氧化碳与水基压裂液混合注入，在地层温度作用下，液体二氧化碳汽化并形成泡沫。该压裂液体系pH值为3~4。常规碱性交联压裂液不能使二氧化碳高分子溶液交联。为了进一步增强泡沫压裂液流变性能，克服由于大量液体二氧化碳加入对压裂液的稀释作用，酸性交联是泡沫压裂的关键环节。压裂中心通过大量室内研究，首次在国内成功研究了AC-8酸性交联剂。该交联剂为液态，可与水混溶，可与多种植物胶稠化剂交联。因此，在本次泡沫压裂液体系研究中，选用AC-8酸性交联剂。

**（六）助排剂的选择**

对于低压、致密砂岩储层，改善入井流体对储层岩心的润湿吸附特性，降低毛细管阻力，对实现压裂液返排，减少储层伤害极其重要。对于油藏，选择表面活性剂，不仅要考察其表面/界面化学特性,而且还应考虑压裂液的防乳与破乳问题。对于气藏,应重点考察压裂液的表面张力和接触角。因此,对油藏、气藏应选用不同的助排剂与之相适应。

表3-5是国内外不同助排剂性能对比。可见,不同的助排剂由于组成和适应特点的差异,其助排性能大有不同。在油藏泡沫压裂中选用优质DL-8破乳助排剂;在气藏压裂中首选DL-10高效助排剂以及CQ-A1助排剂。

表3-5 不同类型助排剂性能对比

| 助排剂<br>(样品来源) | 表面张力(mN/m)/<br>界面张力(mN/m) | 接触角<br>(°) | 备 注 |
|---|---|---|---|
| DL-8(油井) | 24.51/0.22 | 61.6 | 华兴化学试剂厂 |
| DL-10(气井) | 19.30/0.81 | 79.8/64.5 | |
| CF-5A(气井) | 19.81(上部26.2) | 62.2/26.3 | 样品上下分层 |
| CF-5B(油井) | 27.52/0.65 | 45.3 | 油田井下化工厂 |
| CQ-A1(气井) | 21.76/1.23 | — | |
| D-50 | 26.56/0.41 | 46.7 | 山东东营 |
| ZA-3 | 27.91/3.24 | — | B油田 |
| MAN | 27.22/2.95 | — | C油田 |

**(七)杀菌剂的优选**

杀菌剂是植物胶水基压裂液的重要添加剂之一,用以防止压裂液在配制后的放置过程中的腐败变质。根据长庆油田的长期使用情况和性能对比,选用长庆油田井下化工厂生产的SQ-8为该压裂液体系的杀菌剂。

# 第三节 二氧化碳泡沫压裂液配方优化及性能

## 一、二氧化碳泡沫压裂液初始配方及性能

**(一)初始配方**

通过大量室内试验,筛选出了二氧化碳泡沫压裂液的典型配方。

1. 射孔液配方

在起下油管修井作业和射孔完井过程中,保护油气藏是压裂配套工艺技术的重要环节。根据室内试验,建议射孔液配方为:

1.0%KCl黏土稳定剂 + 0.2%DL-10或CF-5A。

2. 油井压裂液配方

0.5%~0.6%GRJ改性瓜尔胶+1.0%FL-36起泡剂+0.05%SQ-8杀菌剂+1.0%KCL黏土稳定剂+0.2%DL-8破乳助排剂+0.002%~0.02%过硫酸铵破胶剂(NBA-101胶囊破胶剂)+1.5%AC-8酸性交联剂。

## 3. 气井压裂液配方

0.65%~0.70%GRJ 改性瓜尔胶+1.0%YPF-1 起泡剂+0.05%SQ-8 杀菌剂+1.0%KCL 黏土稳定剂+0.3%DL-10 助排剂+0.003%~0.06%过硫酸铵破胶剂+1.5%AC-8 酸性交联剂。

针对具体不同油气藏特征和压裂工艺要求，该配方要做进一步的优化调整。

### （二）性能评价

#### 1. 基液性能及泡沫压裂液半衰期

使用 FAAN35 黏度计在 25℃、170s$^{-1}$ 剪切速率下，测得未形成泡沫之前油井和气井配方的基液黏度分别为 75mPa·s 和 120.0mPa·s；pH 值均为 7.0。形成泡沫压裂液后，在 25℃、1 大气压下测得油井和气井配方的泡沫流体的半衰期为 279min 和 300min，其具有良好的泡沫稳定性，pH 值均为 4.0。

#### 2. 耐温、耐剪切性能

使用 RV20 旋转黏度计，在 170s$^{-1}$ 剪切速率和不同温度条件下，分别测试了不同泡沫质量的交联泡沫压裂液耐温耐剪切性能。试验结果见表 3-6。在变剪切速率下，测得该泡沫压裂液的各流变参数见表 3-6。

表 3-6　泡沫压裂液（65%）耐温耐剪切性能表

| 配方 | $t$（min） | 0.5 | 10 | 20 | 30 | 40 | 60 | 80 | 100 |
|---|---|---|---|---|---|---|---|---|---|
| 油井 | $T$（℃） | 15.1 | 46.7 | 61.2 | 58.9 | 60.1 | 60.1 | 60.3 | 60.0 |
| | $\eta$（mPa·s） | 249 | 221 | 184 | 159 | 121 | 98.7 | 65.9 | 47.9 |
| 气井 | $T$（℃） | 16.9 | 48.2 | 69.6 | 80.7 | 79.7 | 80.9 | 80.7 | 80.1 |
| | $\eta$（mPa·s） | 238 | 211 | 309 | 242 | 256 | 135.6 | 62.2 | 40.7 |

图 3-7 表示随着剪切速率的提高，压裂液的表观黏度降低；在不同温度的储层，泡沫质量相同时，温度较高，其表观黏度也较低。

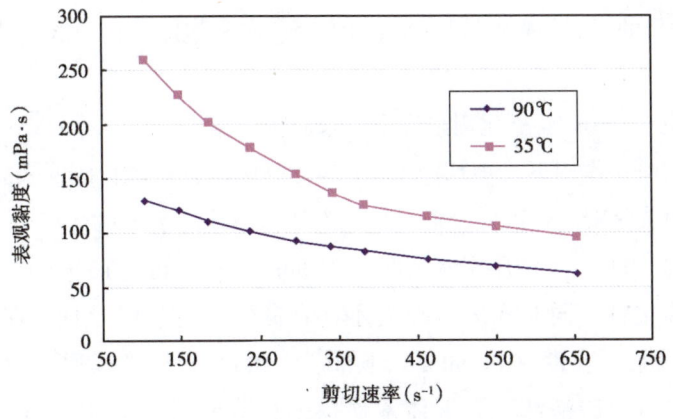

图 3-7　温度对二氧化碳泡沫流体流变性能的影响图

（6MPa、泡沫质量 70%、0.5%GRJ-11+1.0%FL-36）

图 3-8 是在相同温度下，不同泡沫质量的泡沫压裂液表观黏度随剪切速率变化的曲线。对于泡沫质量高的泡沫压裂液，其表观黏度也相对较大。

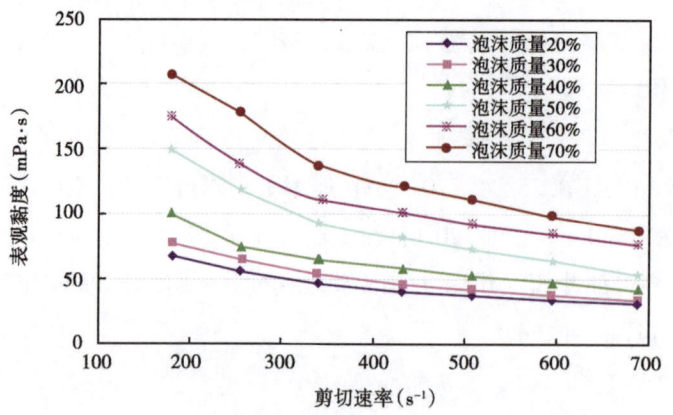

图 3-8 不同泡沫质量的二氧化碳泡沫流体流变性能对比图
（0.5%GRJ-11+1.0%FL-36）

表 3-7 不同泡沫质量交联二氧化碳泡沫压裂液的流变参数表

| 配方 | 泡沫质量（%） | 温度（℃） | 流动行为指数 $n'$ | 稠度系数 $k'$（$Pa·s^{n'}$） |
| --- | --- | --- | --- | --- |
| 油井 | 50 | 50 | 0.4245 | 1.867 |
|  | 65 | 60 | 0.4867 | 1.658 |
| 气井 | 50 | 60 | 0.4215 | 2.045 |
|  | 65 | 80 | 0.5039 | 1.519 |

### （三）动态模拟试验

使用多功能泡沫流动回路装置，在不同温度（50℃、70℃和90℃）下分别研究了60%、40%和20%泡沫质量的二氧化碳泡沫压裂液的流变性能和泡沫结构。试验结果分别见图3-9、3-10、3-11。

由图3-9可见，在0.7%稠化剂浓度下，未起泡基液黏度为105mPa·s，在动态模拟现场注入过程中的高剪切作用下（剪切速率1600~2000s$^{-1}$），二氧化碳混入后流体黏度仅为30~40mPa·s，当二氧化碳混合液完全形成稳定泡沫后泡沫压裂液的黏度达到248mPa·s；当温度由28℃升高到90℃，泡沫压裂液黏度由210mPa·s降低至160mPa·s，可见泡沫压裂液具有较好的热稳定性；同时泡沫压裂液还具有良好的剪切稳定性，在90℃下连续剪切60min，泡沫压裂液表观黏度由160mPa·s降低为148mPa·s，保持了较高的黏度。

变泡沫质量二氧化碳泡沫压裂液体系动态试验结果见图3-10。在80℃试验条件下，60%泡沫质量泡沫压裂液黏度为168mPa·s，当泡沫质量降低到40%和20%时，泡沫压裂液的黏度分别为80.3mPa·s和61.2mPa·s，泡沫压裂液的黏度仍保持大于50mPa·s。由此

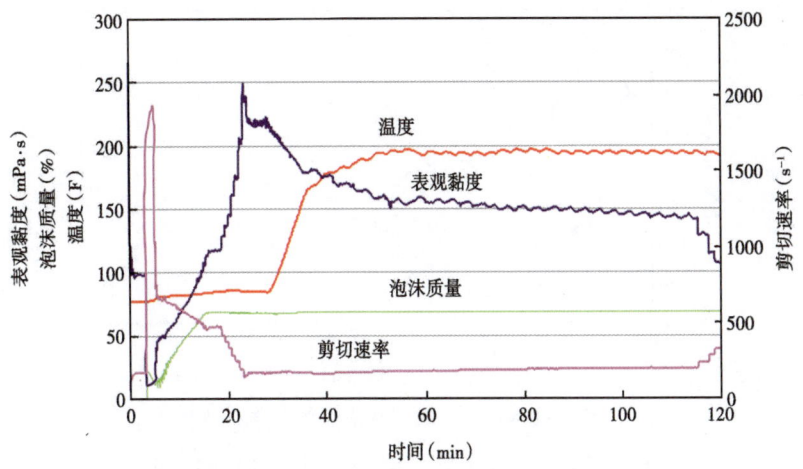

图 3-9  0.7%GRJ 瓜尔胶二氧化碳泡沫压裂液动态试验结果

(条件：泡沫质量 70%，温度 90℃，压力 5.2MPa)

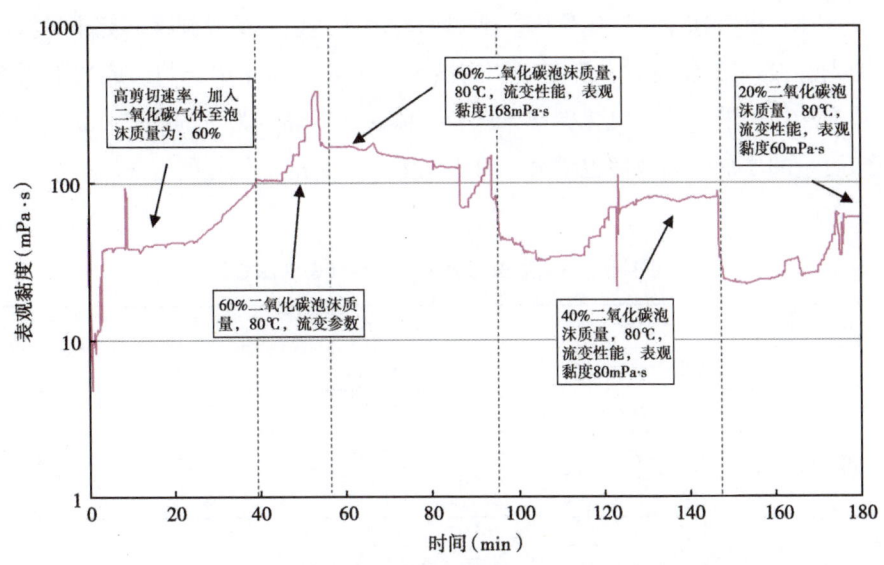

图 3-10  0.7%GRJ 瓜尔胶二氧化碳泡沫压裂液动态试验结果

(条件：温度 90℃，压力 5.2MPa，泡沫质量变化 60%→40%→20%)

可见，为了满足现有压裂设备，降低施工摩擦阻力，以达到较大施工规模的要求，进行变泡沫质量的压裂施工是可行的。

图 3-11 是 AC-8 酸性交联剂交联羟丙基瓜尔胶二氧化碳泡沫压裂液在 52% 泡沫质量，80℃、170s$^{-1}$剪切速率下试验结果。试验表明，酸性交联压裂液的黏度能达到 240~350mPa·s，液态二氧化碳的加入对压裂液具有稀释和降黏的作用，但一旦形成泡沫，压裂液的黏度将显著地增加，达到 210~310mPa·s，连续剪切 70min 后黏度仍然保持在 50mPa·s 以上。

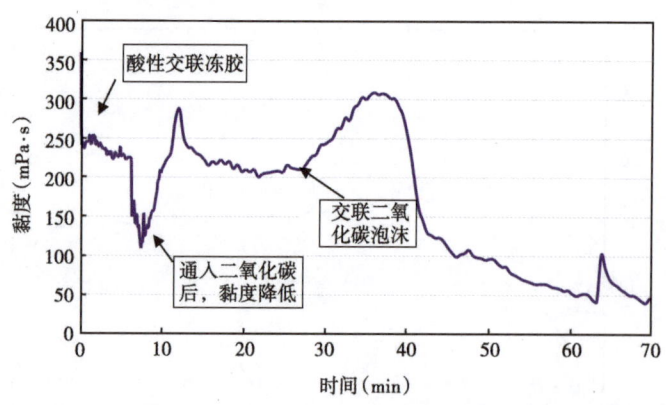

图 3-11　AC-8 酸性交联二氧化碳泡沫压裂液耐温耐剪切性能

（条件：泡沫质量 52%，剪切速率 170s$^{-1}$、温度 85℃，0.7%HPG）

### （四）黏弹特性

压裂液是一种黏弹性流体，不仅具有黏性，而且具有一定的弹性。近期研究表明，压裂液的弹性对支撑剂沉降速率有一定影响。但目前对泡沫压裂液的黏弹性研究未见报道。使用最新引进的先进 RS-75 控制应力流变仪，测试了由多功能泡沫用配制形成的不同泡沫质量的二氧化碳泡沫压裂液。该二氧化碳泡沫压裂液体系是以黏性为主的黏弹性流体（$G''>G'$），且随着泡沫质量的增加，黏弹性也增大。对不同泡沫质量的二氧化碳泡沫压裂液黏弹性测试结果见表 3-8。

表 3-8　不同泡沫质量的黏弹特性表（25℃）

| 配方 | 泡沫质量（%） | 0 | 50 | 70 |
|---|---|---|---|---|
| 油井 | 储能模量 $G'$（Pa） | 0.8732 | 3.496 | 7.341 |
| | 损耗模量 $G''$（Pa） | 1.273 | 5.687 | 10.12 |
| 气井 | 储能模量 $G'$（Pa） | 0.9944 | 5.464 | 9.855 |
| | 损耗模量 $G''$（Pa） | 1.607 | 8.723 | 12.51 |

### （五）支撑剂沉降试验

利用支撑剂沉降仪，测试了 20 目（850mm）宜兴陶粒（支撑剂）在不同温度和泡沫质量下的沉降速率，试验结果见表 3-9。国外有文献报道，在压裂工程应用中允许的支撑剂沉降速率范围为 0.008～0.08cm/s。可见，使用常用的 20～40 目支撑剂的最大颗粒直径（850mm）时，在泡沫压裂液中的支撑剂沉降速率也小于 0.06cm/s，达到允许的支撑剂沉降的范围。因此，该泡沫压裂液体系能够满足压裂施工中的支撑剂的悬浮能力。

### （六）滤失特性

在压裂过程中，由于压差作用使压裂液发生滤失渗流，滤液进入储层岩石中的孔隙介质，而在裂缝的表面形成具有一定厚度的致密滤饼，进一步减少滤失量。不同的流体具有不同的降滤失机制，常规的水基压裂液主要以黏弹性流体形成滤饼降低压裂液滤失；而泡沫压裂液体系除形成部分滤饼降低滤失外，更重要还具有气—液两相泡沫降滤失机制。压裂液滤失性能主要以造壁滤失系数 $C_\mathrm{III}$ 表征。

表 3-9  支撑剂（850mm）在泡沫压裂液中的沉降速率

| 配方 | 泡沫质量（%） | 50 | | 70 | |
|---|---|---|---|---|---|
| 条件 | 试验温度（℃） | 45 | 70 | 45 | 70 |
| 油井 | 沉降速率（cm/s） | 0.045 | — | 0.036 | — |
| 气井 | 沉降速率（cm/s） | 0.028 | 0.059 | 0.022 | 0.046 |

使用泡沫压裂液实验装置，开展了泡沫压裂液与常规水基压裂液滤失性能对比试验。试验结果见表 3-10。可见，由于泡沫的气—液两相体系，泡沫流体较水基压裂液具有显著的降滤失作用，而交联泡沫压裂液具有更低的滤失量。

**（七）助排性能**

使用 K12 全自动张力仪，对压裂液破胶液的表面界面张力进行试验。测试结果为，油井中压裂液破胶液配方的表面张力 25.05mN/m、界面张力 1.21mN/m；气井中压裂液破胶液配方的表面张力 23.05mN/m、界面张力 0.98mN/m。

表 3-10  泡沫压裂液滤失性能对比

| 配方 | 试验温度（℃） | 试验压差（MPa） | 滤失系数 $C_\mathrm{III}$ ($10^{-4}\mathrm{m/min}^{\frac{1}{2}}$) |
|---|---|---|---|
| 线性泡沫 | 80 | 3.5 | 5.875 |
| 油井交联泡沫 | 60 | 3.5 | 3.032 |
| 气井交联泡沫 | 80 | 3.5 | 3.821 |
| | 100 | 3.5 | 4.703 |
| 水基冻胶 | 80 | 3.5 | 7.562 |

注：泡沫压裂液泡沫质量为 60%。

**（八）破胶性能**

将交联的二氧化碳泡沫压裂液置于密闭容器内，将密闭容器放于恒温水浴中，使用毛细管黏度计，分别测试二氧化碳泡沫压裂液在不同时间内的破胶液黏度，试验结果见表 3-11。

表 3-11  不同泡沫质量二氧化碳泡沫压裂液的破胶性能

| 配方 | 泡沫质量 | 55% | | | 70% | | |
|---|---|---|---|---|---|---|---|
| | 破胶时间（h） | 3 | 4 | 8 | 3 | 4 | 8 |
| 油井 | 破胶液黏度 | 4.23 | 3.47 | 2.12 | 4.72 | 3.58 | 1.86 |
| 气井 | （mPa·s） | 5.76 | 4.18 | 2.33 | 5.28 | 4.27 | 2.13 |

水基压裂液通常用的破胶剂为过氧化物、酶和酸。对于二氧化碳泡沫压裂液由于加入了二氧化碳液体，本身就具有一定的酸性（pH值为3~4），再加上二氧化碳液体吸热制冷作用，使得在施工过程中追加的大量固体过硫酸铵基本不活化，而在压后关井不久，由于储层温度的上升而快速破胶。通过在长庆油田二氧化碳泡沫压裂的现场试验，进一步证实了这一点。

### （九）防膨胀试验

岩心X射线衍射结果表明，储层黏土矿物总量达10%~23%，其中伊/蒙混层为0~60%，混层比为10%~30%，潜在一定的水化膨胀量。通过膨胀实验进一步说明了这一观点。将岩心粉碎成100目以上的粉末，用高温高压膨胀仪分别测试水、氯化钾水溶液和二氧化碳泡沫压裂液破胶液对岩心粉的膨胀量，测试结果见图3-12。

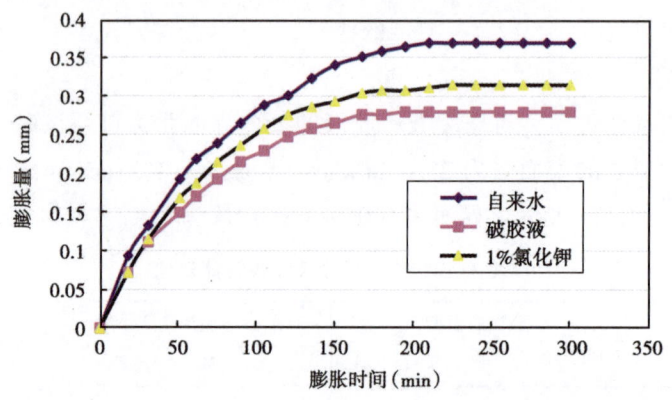

图3-12　S145岩心对不同流体的膨胀试验

可见，岩心具有一定的水化膨胀特性，初期由于岩心的亲水作用和毛细管力作用，吸附水润湿岩心，膨胀缓慢；经过180~200min的水化膨胀，岩心粉柱膨胀达到膨胀平衡。黏土稳定剂氯化钾水溶液的加入能起到一定的防膨作用，使清水膨胀量有较大降低。同时，二氧化碳泡沫压裂液的滤液对岩心的防膨作用较氯化钾水溶液更为明显，这主要是由于二氧化碳泡沫压裂液的滤液具有较低的pH值，在酸性条件下，酸性介质本身对岩心就具有较好防膨性能。因此就此方面讲，具有酸性作用的二氧化碳泡沫压裂液对岩心的伤害较低。

### （十）残渣

通过对压裂液破胶液的离心烘干，测得油井和气井配方的压裂液残渣分别为520mg/L和570mg/L。

### （十一）岩心伤害试验

使用岩心伤害试验装置，分别测试了清水和泡沫压裂液对不同岩心的伤害特性（表3-12）。可见，由于储层岩心亲水性强，孔隙喉道较小，毛细管阻力强，清水对岩心的伤害严重，到达80%以上；由于泡沫压裂液具有两相流作用，减少了压裂液水相的相对含量和进入岩心的水量。因此，泡沫压裂液对岩心的伤害较低，仅有40%~61%。

表 3-12 二氧化碳泡沫压裂液对岩心的伤害表

| 岩心编号 | 流体类型 | 伤害前气体渗透率（mD） | 伤害后气体渗透率（mD） | 伤害率（%） |
|---|---|---|---|---|
| 215-33 | 清水 | 0.279 | 0.052 | 81.36 |
| 215-34 | 泡沫压裂液 | 0.258 | 0.148 | 42.64 |
| 215-36 | 泡沫压裂液 | 0.296 | 0.158 | 46.96 |
| 215-40 | 泡沫压裂液 | 0.320 | 0.189 | 40.94 |
| 234-22 | 泡沫压裂液 | 0.362 | 0.178 | 50.82 |
| 234-16 | 泡沫压裂液 | 0.280 | 0.109 | 61.07 |

注：(1) 注液压差为 7.0MPa；(2) 液体饱和时间为 3h；(3) 泡沫质量为 53%。

由以上二氧化碳泡沫压裂液性能测试结果可知，本项目所优选的压裂液配方不但能与储层的物性配伍，满足压裂工艺设计的要求，而且具有很好的操作性和实用性，为二氧化碳泡沫压裂在低渗透气藏的顺利实施提供了保证。

## 二、国外二氧化碳泡沫压裂液性能评价

为了进一步完善压裂工作液，2001 年对油田引进的美国二氧化碳泡沫压裂液添加剂进行性能评价，并完善形成了酸性交联羧甲基瓜尔胶的二氧化碳泡沫压裂液配方体系。

国外压裂液添加剂样品由外国公司提供，通过压裂酸化技术服务中心室内评价，建议引进清洁水（clear water）公司的稠化剂和交联剂两种添加剂；试验评价方法采用石油天然气有关行业标准。

### （一）添加剂性能评价

1. 稠化剂的性能

按照行业标准《植物胶及改性产品性能测定方法》（SY/T 6074—1994），对 ZCJ-7 及 HK-60 稠化剂进行了 7 项性能评价，包括外观、水分、水不溶物、水溶液 pH 值、水溶液表观黏度、粒度和交联性能。该试验结果见表 3-13。由表 3-13 可见，该稠化剂性能较好，水不溶物含量低、黏度高；但现场取样样品与送样样品在溶液黏度有所降低。

表 3-13 植物胶稠化剂性能试验结果

| 样品 | 水分（%） | 水不溶物（%） | pH 值 | 1%溶液黏度（mPa·s） | 粒度（%） | | |
|---|---|---|---|---|---|---|---|
| | | | | | 120 目 | 160 目 | 200 目 |
| ZCJ-7 送样 | 7.72 | 1.49 | 7 | 327 | 99.62 | 99.39 | 98.29 |
| ZCJ-7 现场取样 | 7.49 | 0.84 | 7 | 264 | 99.34 | 98.54 | 95.36 |
| HK-60 现场取样 | 11.11 | 1.12 | 7 | 246 | 99.54 | 98.85 | 97.48 |
| 稠化剂外观：淡黄色粉末；交联性能：良好 | | | | | | | |

2. 助排剂的性能

按照石油天然气行业标准《压裂酸化用助排剂性能评价方法》（SY/T 5755—1995），对 QPJ-418 助排剂进行了不同浓度下的表面张力测定，其试验结果见表 3-14。可见，国外

QPJ-418助排剂性能较国内主要助排剂性能较差、表面张力较高。

表3-14 QPJ-418助排剂性能评价结果表

| 代号 | 外观 | 密度（g/cm³） | pH值 | 表面张力（mN/m） | |
|---|---|---|---|---|---|
| | | | | 0.2% | 0.5% |
| QPJ-418 | 棕色液体 | 1.108 | 6 | 29.2 | 28.2 |
| DL-10 | 无色液体 | 1.050 | 6.5 | 20.12 | 19.30 |
| CQ-A1 | 无色液体 | 1.008 | 7.0 | 21.76 | — |

3. 起泡剂性能评价

使用Warring混调器在220V电压下，测试了0.5%浓度的起泡剂水溶液的起泡性能及其泡沫的半衰期，并与其他起泡剂性能进行了对比，其试验结果见表3-15。可见，国外AMPHOAM75起泡剂的起泡与稳泡性能与国内优质起泡剂性能相当，均具有良好的起泡效率与稳定性。

表3-15 AMPHOAM75起泡剂与其他起泡剂性能对比表

| 名称 | 外观 | 密度（g/cm³） | 泡沫高度（mL） | 半衰期（s） | 配伍性 |
|---|---|---|---|---|---|
| AMPHOAM75 | 淡黄色透明液体 | 1.048 | 860 | 508 | 清亮，配伍 |
| FL-48 | 无色透明液体 | 0.995 | 860 | 510 | 清亮，配伍 |
| YPF-1 | 无色透明液体 | 0.969 | 770 | 226 | 清亮，配伍 |

4. 交联剂性能评价

按照行标《压裂用交联剂性能试验方法》（SY/T 6216—1996），对JLJ-3交联剂进行了性能评价，其试验结果见表3-16。

表3-16 JLJ-3交联剂基本性能试验结果表

| 样品来源 | 外观 | 密度（g/cm³） | 交联描述 | | |
|---|---|---|---|---|---|
| | | | pH=4 | pH=7 | pH=9 |
| 送样 | 淡黄色透明液体 | 1.051 | 6s开始增稠 3min30s挑挂 | 20s增稠，难挑挂 | 4s开始增稠，交联挑挂 |
| 现场取样 | 淡黄色透明液体 | 1.047 | 30s交联挑挂 | 难挑挂 | 20s交联挑挂 |

**（二）压裂液添加剂配伍性试验**

根据油田提供的泡沫压裂液配方：

0.48%ZCJ-7稠化剂+0.5%起泡剂AMPHOAM75+0.5%QPJ-418助排剂+0.19%交联剂JLJ-3。

由于油田提供的国外配方中，缺少了压裂液黏土稳定剂、杀菌剂和破胶剂等添加剂。因此，在配伍性测试中，配套了其他必须的压裂液添加剂，考察了添加剂之间的相互影响，其结果，见表3-17。

表3-17 压裂液添加剂配伍性试验结果表

| 添加剂代号 | AMP75 | QPJ418 | JLJ-3 | KCl | SQ-8 | COG | FL-48 | YFP-1 |
|---|---|---|---|---|---|---|---|---|
| AMP75 | | √ | √ | √ | √ | × | × | × | × |
| QPJ-418 | √ | | √ | √ | √ | × | × | × | × |
| JLJ-3 | √ | √ | | √ | √ | √ | √ | √ |
| KCl | √ | √ | √ | | √ | √ | √ | × | √ |
| SQ-8 | × | × | √ | √ | | √ | √ | √ |
| COG | × | × | √ | √ | √ | | √ | √ |
| FL-48 | × | × | √ | × | √ | √ | | √ |
| YFP-1 | × | × | √ | √ | √ | √ | √ | |

注："√"代表配伍，"×"代表不配伍。

可见，国外送样的3种添加剂之间配伍性好，但与之配套的油田常用杀菌剂和黏土稳定剂不配伍，而国内生产的FL-48（华兴化学试剂厂）、YFP-1（油田井下化工厂）与其配伍性好。

**（三）国外压裂液配方基液性能及其交联性能**

1. 压裂液配方与pH值

由于该交联压裂液体系交联性能受溶液pH值变化很大，分别测试了油田提供的压裂液配方和不同pH值调节剂调节所得的pH值。

配方A：0.48%ZCJ-7+0.5% AMPHOAM75+0.5% QPJ-418　　　　　　　　pH≤6.5~7.0

配方B：0.48%ZCJ-7+0.5%AMPHOAM75+0.5% QPJ-418+0.3%20%HC　　　pH≤5

配方C：0.48%ZCJ-7+0.5%AMPHOAM75+0.5%QPJ-418+0.8%20%HCl　　　pH≤2

配方D：0.48%ZCJ-7+2%氯化钾+ 0.5%60%乙酸　　　　　　　　　　　　pH≤4

配方E：0.48%ZCJ-7+2%氯化钾+0.5%AMPHOAM75+0.5%60%乙酸　　　pH≤4

配方F：0.48%ZCJ-7+2%氯化钾+0.5% QPJ-418+0.5%60%乙酸　　　　　pH≤4

配方G：0.48%ZCJ-7+2%氯化钾+0.5%AMPHOAM75+0.5% QPJ-418+0.5%60%乙酸

　　　　　　　　　　　　　　　　　　　　　　　　　　　　　　　　　pH≥4

配方H：0.55%ZCJ-7+2%氯化钾+0.5%AMPHOAM75+0.5%QPJ-418+0.5%60%乙酸

　　　　　　　　　　　　　　　　　　　　　　　　　　　　　　　　　pH≥4

配方I：0.48%ZCJ-7+2%氯化钾+0.5%AMPHOAM75+0.5%QPJ-418+0.8%60%乙酸

　　　　　　　　　　　　　　　　　　　　　　　　　　　　　　　　　pH=4

配方J：0.6%ZCJ-7+2%氯化钾+0.5%AMPHOAM75+0.5%QPJ-418+0.5%60%乙酸

　　　　　　　　　　　　　　　　　　　　　　　　　　　　　　　　　pH≥4

2. 基液黏度

（1）0.48%ZCJ-7水溶液表观黏度为72mPa·s。

(2) 0.55%ZCJ-7 水溶液表观黏度为 90mPa·s。

(3) 0.6%ZCJ-7 水溶液表观黏度为 102mPa·s。

3. 压裂液交联性能

不同压裂液配方体系的交联特性见表 3-18。

表 3-18 不同 pH 值压裂液体系的交联特性表

| 配方 | pH 值 | 温度（℃） | 交联剂（%） | 交联情况描述 |
|---|---|---|---|---|
| A | ≤7 | 16 | 0.2 | 不交联 |
| A | ≤7 | 16 | 0.5 | 不交联 |
| A | ≤7 | 40 | 0.2 | 不交联 |
| B | ≤5 | 16 | 0.2 | 弱交联 |
| B | ≤5 | 16 | 0.5 | 弱交联 |
| B | ≤5 | 40 | 0.2 | 弱交联 |
| C | ≤2 | 16 | 0.2 | 快速增稠，弹性弱，难以挑挂，放置 15min 后能基本挑挂 |
| C | ≤2 | 16 | 0.5 | 快速增稠，弹性弱，10min 后能勉强挑挂，放置自动析水 |
| D | ≤4 | 15 | 0.2 | 快速增稠，弹性弱，难以挑挂，放置 15min 后能勉强挑挂 |
| D | ≤4 | 30 | 0.2 | 瞬间部分交联不均匀，难以挑挂，放置 15min 能勉强挑挂 |
| D | ≤4 | 15 | 0.2 | 30s 后加入 0.5%AMPHOAM75 和 0.5%QPJ-418，结果同上 |
| E | ≤4 | 15 | 0.2 | 快速增稠，弹性弱，难以挑挂，放置 15min 后能勉强挑挂 |
| F | ≤4 | 15 | 0.2 | 快速增稠，弹性弱，难以挑挂，放置 15min 能勉强挑挂 |
| F | ≤4 | 30 | 0.2 | 瞬间部分交联不均匀，难以挑挂，放置 15min 能勉强挑挂 |
| G | ≥4 | 15 | 0.2 | 快速增稠，弹性弱，6min20s 部分挑挂，放置 15min 后挑挂 |
| G | ≥4 | 30 | 0.2 | 瞬间部分交联不均匀，难以挑挂，放置 15min |
| G | ≥4 | 15 | 1.2 | 快速交联，30s 能勉强挑挂，搅拌变碎 |
| H | ≥4 | 15 | 0.3 | 6s 初交联，1min30s 部分挑挂，放置 5min 后挑挂 |
| I | =4 | 15 | 0.2 | 快速交联，1min 挑挂较好，弹性较好 |
| J | ≥4 | 15 | 0.3 | 5s 初交联，1min40s 可挑挂，弹性较好 |

4. 压裂液耐温耐剪切

使用 RV20 流变仪，分别测试了不同条件下酸性交联压裂液流变性能。其试验结果分别见表 3-19 至表 3-24。

表 3-19 配方 G+0.2%JLJ-3 的耐温耐剪切试验表（110℃）

| 时间（min） | 0 | 10 | 20 | 30 | 40 | 50 | 60 | 70 | 80 | 90 |
|---|---|---|---|---|---|---|---|---|---|---|
| 温度（℃） | 20 | 43 | 70 | 99 | 118 | 114 | 112 | 112 | 112 | 112 |
| 黏度（mPa·s） | 104 | 127 | 155 | 137 | 78 | 22 | 16 | 11 | 8 | 7 |

表 3-20　配方 G+0.2%JLJ-3 的耐温耐剪切试验表（90℃）

| 时间（min） | 0 | 10 | 20 | 30 | 40 | 50 | 60 | 70 | 80 | 90 |
|---|---|---|---|---|---|---|---|---|---|---|
| 温度（℃） | 33 | 81 | 89 | 90 | 90 | 90 | 90 | 90 | 90 | 90 |
| 黏度(mPa·s) | 229 | 167 | 160 | 140 | 116 | 81 | 57 | 44 | 32 | 28 |

表 3-21　配方 H+0.3%JLJ-3 的耐温耐剪切试验表（90℃）

| 时间（min） | 0 | 10 | 20 | 30 | 40 | 50 | 60 | 70 | 80 | 90 |
|---|---|---|---|---|---|---|---|---|---|---|
| 温度（℃） | 31 | 58 | 86 | 89 | 90 | 90 | 90 | 90 | 90 | 90 |
| 黏度(mPa·s) | 379 | 610 | 233 | 62 | 50 | 49 | 48 | 44 | 41 | 40 |

表 3-22　配方 I+0.2%JLJ-3 的耐温耐剪切试验表（90℃）

| 时间（min） | 0 | 5 | 10 | 20 | 30 | 40 | 50 |
|---|---|---|---|---|---|---|---|
| 温度（℃） | 17 | 30 | 43 | 70 | 86 | 89 | 90 |
| 黏度(mPa·s) | 318 | 325 | 239 | 75 | 40 | 39 | 36 |

表 3-23　配方 G+0.5%JLJ-3 的耐温耐剪切试验表（90℃）

| 时间（min） | 0 | 10 | 20 | 30 | 40 | 50 | 60 | 70 | 80 | 90 |
|---|---|---|---|---|---|---|---|---|---|---|
| 温度（℃） | 20 | 57 | 85 | 88 | 89 | 90 | 90 | 90 | 90 | 90 |
| 黏度(mPa·s) | 336 | 261 | 116 | 76.6 | 71 | 66 | 61 | 58 | 58 | 57 |

表 3-24　配方 J+0.3%JLJ-3 的耐温耐剪切试验表（90℃）

| 时间（min） | 1 | 10 | 20 | 30 | 40 | 50 | 60 | 70 | 80 | 90 |
|---|---|---|---|---|---|---|---|---|---|---|
| 温度（℃） | 20 | 60 | 86 | 88 | 90 | 90 | 90 | 90 | 90 | 90 |
| 黏度(mPa·s) | 527 | 354 | 499 | 258 | 185 | 102 | 67 | 59 | 54 | 53 |

**5. 压裂液破胶性能**

配方 G+0.2%JLJ-3 作 110℃下的破胶试验，恒温 8h，使用 φ1.0mm 毛细管黏度计测得破胶液黏度为 4.705mPa·s。

**6. 动态模拟试验**

使用多功能泡沫回路试验装置，分别测试了不同条件下（条件 1：温度 90℃、剪切速率 170$s^{-1}$、6.9MPa 和泡沫质量为 50%；条件 2：温度 80℃、剪切速率 170$s^{-1}$、6.9MPa 和泡沫质量为 70%）国外泡沫压裂液配方的泡沫流变性能。泡沫压裂液配方为：0.48%ZCJ-7 稠化剂+0.5%AMP75 起泡剂+0.5%QPJ-418 助排剂+0.2%JLJ-3。

在试验过程中，常温下该压裂液不交联，首先注入密闭泡沫回路，随后泵入二氧化碳形成泡沫流体，测试泡沫流体流变性能。实验结果表明，随着温度的增加，初期泡沫流体表观黏度增加，随后稳态剪切黏度降低，50%泡沫质量时，最高黏度为 185mPa·s，剪切 1h 后黏度为 60mPa·s，1.5h 后黏度降低到 50mPa·s 以下；70%泡沫质量时，最高黏度为 485mPa·s，随后快速降低至220mPa·s，剪切1h后黏度为90mPa·s，1.5h后黏度仍保持在80mPa·s以上。

通过室内对国外泡沫压裂液添加剂送样样品性能测试和基本配方体系综合性能评价，分析认为：提供的压裂液基础配方延迟交联时间长，流变性能较差，与国内配套的压裂液添加剂存在不配伍等问题。应根据储层特征和现场压裂工艺的需要，开展改进和完善二氧化碳泡沫压裂液体系室内试验工作。

## 三、改进的二氧化碳泡沫压裂液体系性能评价

### （一）压裂液添加剂优选

#### 1. 稠化剂

稠化剂在水溶液中稳泡能力较差（半衰期一般小于15min），不能满足压裂施工要求。改善流体流变性、增加黏度、增大泡沫之间膜的强度是增强泡沫稳定性的技术关键。对于泡沫压裂液使用的稳泡剂就是水基压裂液中常用的稠化剂。在考察这种稳泡剂时不仅要求具有水不溶物含量较低，而且要求还具有强的增黏能力。同时二氧化碳考虑到酸性介质的交联问题，国外哈里伯顿、必捷等大公司多采用羧甲基瓜尔胶（CMG）或羧甲基羟丙基瓜尔胶（CMHPG）为二氧化碳泡沫压裂液的稳泡剂。但国内没有工业化的羧甲基瓜尔胶（CMG）或羧甲基羟丙基瓜尔胶（CMHPG）压裂液稠化剂，仅有羧甲基瓜尔胶小样。不同稳泡剂（稠化剂）的性能对比见表3-25。由表3-25可见，国外改性瓜尔胶稠化剂性能最好，特别是国外送样的ZCJ-7及现场取样的HK-60羧甲基羟丙基瓜尔胶增黏能力很强，而水不溶物含量却很低。国内稠化剂由于结构和加工工艺的差异，与国外同类产品相比，单项性能指标存在较大差异。因此，引进并选用ZCJ-7或HK-60羧甲基羟丙基瓜尔胶作为国外泡沫压裂液的稠化剂。

表3-25 不同稳泡剂（稠化剂）性能对比表

| 稠化剂类型 | 1%溶液黏度（mPa·s） | 水不溶物（%） |
| --- | --- | --- |
| 瓜尔胶 | 305 | 24.5 |
| 羟丙基瓜尔胶（国外） | 298 | 4~5 |
| 羧甲基羟丙基瓜尔胶（ZCJ-7，国外） | 327 | 1.49 |
| 羧甲基羟丙基瓜尔胶（HK-60，国外） | 246 | 1.12 |
| 羟丙基瓜尔胶（国内） | 250~270 | 10~15 |
| 羧甲基瓜尔胶（小样） | 124 | 15.6 |
| 羧甲基皂仁（小样） | 69 | 18.4 |
| 香豆胶 | 150~180 | 10~13 |
| 改性田菁胶 | 120~170 | 10~19 |

#### 2. 交联剂

交联剂是将压裂液高分子长链中的活性基团通过交联离子连接起来，形成具有三维网状的黏弹性冻胶。由于交联pH值不同，交联剂可分为酸性交联剂和碱性交联剂。目前，国内外压裂液多为碱性交联，pH值为7.5~13；而酸性介质常作为压裂液氧化剂、酶和酸三类破

胶剂之一，酸性交联成为攻关的难点。二氧化碳泡沫压裂是先将二氧化碳以液态形式与水基压裂液混合加入，在地层温度作用下，二氧化碳汽化并形成泡沫。该压裂液体系pH值为3~4。常规碱性交联压裂液不能使二氧化碳高分子溶液交联。为了进一步增强泡沫压裂液流变性能，克服由于大量二氧化碳加入对压裂液的稀释作用，酸性交联是二氧化碳泡沫压裂的关键环节。

针对国内大量使用的羟丙基瓜尔胶稠化剂结构特点，通过大量室内研究，首次研究成功了AC-8酸性交联剂，应用于油田并获得了成功。国外引进的羧甲基羟丙基瓜尔胶具有大量羧甲基官能团，国外与之配套的是JLJ-3交联剂。如前所述，该交联剂具有明显pH值选择性的交联特性，在碱性和酸性条件下，交联特性较好，而在中性和弱酸性条件下交联性能较差；同时该交联剂对国产的羟丙基瓜尔胶交联能力弱，交联性能差。因此，针对这次引进的羧甲基羟丙基瓜尔胶稠化剂，选用国外配套的JLJ-3交联剂。

3. 起泡剂

起泡剂是泡沫压裂液的关键添加剂之一。其性能的好坏直接影响泡沫压裂液的起泡能力和稳泡能力。起泡剂多为表面活性剂，良好起泡剂的表面活性剂必须具备两个条件，即易于产生泡沫和产生的泡沫有较好的稳定性，要求表面活性剂具有良好的降低表面张力能力。

由于不同类型和表面活性的差异，不同起泡剂的起泡能力和半衰期不同。如前所述，国外配套的AMPHOAM75起泡剂与国内的FL-48和YPF-1性能相当。由于表面活性剂的极性基团的多样性，大大增加了起泡剂对无机盐（不同电荷离子）、有机阴阳离子及其他极性基团的配伍复杂性。进一步研究表明，阳离子起泡剂FL-48和YPF-1如上所示，与其他添加剂配伍性良好，但这类起泡剂与常用破胶剂过硫酸盐配伍性较差，当过硫酸盐量超过0.02%时，对压裂液的起泡和稳泡影响明显，试验结果见表3-26。而对阴离子表面活性剂起泡剂（如FL-36）配伍性良好。如何避免在压裂液配方中大量过硫酸盐破胶剂与起泡剂的接触是阳离子起泡剂选用的关键。可见，该起泡剂在低浓度下，对过硫酸铵（APS）破胶剂敏感性较小；而在较高浓度下，对过硫酸铵（APS）破胶剂敏感性增大，配伍性较差。通过使用胶囊破胶剂将过硫酸盐包裹起来，可大大降低过硫酸盐对起泡剂的不利影响，并使提高破胶剂使用浓度成为可能，实现快速破胶。

表3-26 不同起泡剂类型与过硫酸铵（APS）的配伍性试验结果对比表

| 序号 | 组成配比 | 起泡体积（mL） | 半衰期 | 析出水描述 |
|---|---|---|---|---|
| 1 | 1%YFP-1+0.005%APS | 970 | 7min40s | 清澈 |
| 2 | 1%YFP-1+0.02%APS | 930 | 7min16s | 浑浊 |
| 3 | 1%YFP-1+0.04%APS | 620 | 4min05s | 浑浊 |
| 4 | 1%FL-48+0.005%APS | 970 | 8min25s | 清澈 |
| 5 | 1%FL-48+0.04%APS | 680 | 6min10s | 浑浊 |
| 6 | 1%FL-48+0.04%NBA | 980 | 7min40s | 清澈 |
| 7 | 1%FL-36+0.04%APS | 990 | 9min15s | 清澈 |

考虑压裂液起泡剂与常用黏土稳定剂和杀菌剂的配伍性,同时考虑油田要求,此次泡沫压裂液体系的起泡剂选用油田生产的 YFP-1 起泡剂或华兴化学试剂厂生产的 FL-48 起泡剂;同时使用胶囊破胶剂避免在施工中大量过硫酸盐与起泡剂的直接接触,以保持良好的起泡和稳泡性能。

4. 助排剂

对于低压致密砂岩储层,改善入井流体对储层岩心的润湿吸附特性,降低毛细管阻力,对实现压裂液返排,减少储层伤害极其重要。对于气藏压裂改造,应重点考察压裂液的表面张力和接触角。

表 3-27 是国内外不同助排剂性能对比表。可见,不同的助排剂由于组成和适应特点的差异,助排性能大有不同。如在西北某气藏压裂中首选 DL-10 高效助排剂,并可 CF-5A 助排剂为替代品。

表 3-27 不同类型助排剂主要性能对比

| 助排剂代号 | 表面张力(mN/m) | 接触角(°) | 备 注 |
| --- | --- | --- | --- |
| QPJ-418 | 28.20 | — | 国外样品 |
| DL-10 | 20.12 | 79.8/64.5 | 华兴厂 |
| CF-5A | 19.81(上部 26.2) | 62.2/26.3 | A 油田 |
| CQ-A1 | 21.76/1.23 | — | A 油田 |
| D-50 | 26.56/0.41 | 46.7 | 山东东营 |
| ZA-3 | 27.91/3.24 | — | B 油田 |
| MAN | 27.22/2.95 | — | C 油田 |

5. 破胶剂

破胶剂是压裂施工结束后实现压裂液冻胶快速降解为低分子、低黏度水溶液的关键添加剂。目前,国内外大量使用的仍是过硫酸盐和氧化型胶囊破胶剂。如美国安然公司(Enron)和道威尔公司(Dowell)在四川八角场气田压裂施工中,单井胶囊破胶剂使用量达到 120kg,明显改善了压裂液流变与破胶性能。压裂液在满足施工对流变性能(高黏度)的同时,为了达到快速彻底破胶,加快返排,要求加大破胶剂用量。为避免高浓度破胶剂对压裂液流变性能和起泡剂起泡及稳泡的不利影响,在本压裂液配方体系中选用过硫酸盐与胶囊破胶剂配套技术。破胶剂的用量根据压裂施工过程中温度场的变化进行优化。

## (二)改进压裂液配方体系与综合性能试验

根据国内外二氧化碳泡沫压裂液添加剂的优选,确定该二氧化碳泡沫压裂液所选添加剂如下:稠化剂为 HK-60,黏土稳定剂为氯化钾水溶液,助排剂为 CF-5A,起泡剂为 YFP-1,杀菌剂为 SQ-8,酸性交联剂为 JLJ-3,破胶剂为过硫酸盐与胶囊破胶剂。

1. 改进的二氧化碳泡沫压裂液配方

基 液:0.6%HK-60 稠化剂+1%氯化钾黏土稳定剂+0.10%SQ-8 杀菌剂+0.3% CF-5A 助排剂+1.0%YFP-1 起泡剂+0.4%醋酸

交联液：30%JLJ-3+0.5%NH

交联比：100:1（0.8~1.2）

在现场施工过程中，追加胶囊破胶剂NBA-101，浓度为0.01%~0.08%。

2. 压裂液基液性能

1）压裂液基液基本性能

原送样基液黏度为102mPa·s，调节溶液pH值为3~4；现场取样基液黏度为91.5mPa·s，调整溶液pH为5。

2）不同pH值压裂液的交联特性

由于酸性交联剂JLJ-3对pH值很敏感，pH值低，交联速度快，交联冻胶硬脆，剪切或搅动放置脱水严重，流变性能较差；pH值偏高—中性时，交联速度缓慢。表3-28是在不同HCl浓度下，压裂液在不同温度和交联比的条件下的延迟交联作用时间和在一定温度下的流变性能。

表3-28 不同条件下的二氧化碳泡沫压裂液的延迟交联作用时间

| 序号 | 温度（℃） | HCl（%） | JLJ-3（%） | 增稠时间 | 挑挂时间 | 描述 |
| --- | --- | --- | --- | --- | --- | --- |
| 1 | 16 | 0.6 | 0.3 | 5s | 20s | 硬脆脱水 |
| 2 | 16 | 0.4 | 0.3 | 5s | 30s | 硬脱水 |
| 3 | 16 | 0.2 | 0.3 | 10s | 45s | 硬脱水 |
| 4 | 16 | 0.15 | 0.3 | 25s | 1min10s | 硬脱水 |
| 5 | 16 | 0.125 | 0.3 | 5min30s | 12min30s | 冻胶弹性好 |
| 6 | 16 | 0.1 | 0.3 | 6min30s | 14min30s | 冻胶弹性好 |
| 7 | 16 | 0.1 | 0.3（100:5） | 5min30s | 12min30s | 冻胶弹性好 |
| 8 | 16 | 0.125 | 0.3（100:5） | 4min30s | 10min30s | 冻胶弹性好 |
| 9 | 16 | 0.15 | 0.3（100:5） | 10s | 55s | 冻胶弹性好 |
| 10 | 30 | 0.1 | 0.3（100:5） | 3min30s | 5min30s | 冻胶弹性好 |
| 11 | 30 | 0.125 | 0.3（100:5） | 1min30s | 4min30s | 冻胶弹性好 |
| 12 | 50 | 0.1 | 0.3（100:5） | 1min30s | 3min40s | 冻胶弹性好 |
| 13 | 50 | 0.125 | 0.3（100:5） | 10s | 50s | 冻胶弹性好 |

可见，溶液pH值对压裂液交联特性有较大影响，溶液pH值越低，交联速度加快，冻胶黏弹性越差，易造成脱水。随着交联温度的提高，交联速度加快，延迟交联时间缩短；同时，在相同交联离子浓度下提高交联比，增加交联离子与植物胶分子的接触机会，交联时间进一步缩短。

鉴于基液黏度较低，溶液pH值对盐酸浓度强烈的敏感性，推荐选用醋酸调节溶液pH值。通过进一步实验，优化溶液pH值，调整pH值为5，压裂液交联时间为40s~50s。

3. 压裂液耐温耐剪切性能与流变参数

使用德国哈克（Haake）公司流变仪分别测定了在不同温度和破胶剂浓度下的压裂液配

方耐温耐剪切性能及流变性能。酸性交联冻胶压裂液在110℃和90℃下的流变性能见表3-29和3-30。可见，优化后的酸性交联压裂液具有较好的耐温耐剪切性能，在无破胶剂下110℃、170s$^{-1}$连续剪切120min后，表观黏度仍然大于90mPa·s。

表3-29 酸性交联冻胶压裂液在110℃时的耐温、耐剪切性能表（无APS）

| 时间（min） | 0.5 | 10 | 20 | 30 | 40 | 50 | 60 | 80 | 100 | 120 |
|---|---|---|---|---|---|---|---|---|---|---|
| 温度（℃） | 21.7 | 69.2 | 105 | 111 | 109 | 110 | 110 | 109 | 110 | 110 |
| 黏度（mPa·s） | 374 | 316 | 167 | 148 | 146 | 125 | 117 | 109 | 92.7 | 90.2 |

表3-30 酸性冻胶压裂液在90℃时的耐温、耐剪切性能表（0.005%APS）

| 时间（min） | 0.5 | 10 | 20 | 30 | 40 | 50 | 60 | 80 | 100 | 120 |
|---|---|---|---|---|---|---|---|---|---|---|
| 温度（℃） | 27.9 | 46.8 | 85.2 | 89.2 | 90.1 | 89.3 | 89.8 | 90.4 | 90 | 90.4 |
| 黏度（mPa·s） | 260 | 246 | 449 | 428 | 307 | 365 | 305 | 267 | 215 | 182 |

将液态二氧化碳（9℃、7.0MPa）通入酸性交联冻胶，按照1:1混合，然后升温形成泡沫压裂液，测定在90℃下泡沫压裂液的耐温、耐剪切性能，其试验结果见表3-30、表3-31。可见，液态二氧化碳加入，由于稀释作用，使得压裂液流变性能有所降低，特别是二氧化碳溶于水后的酸性介质作用，使其表观黏度较用50%水稀释压裂液后的表观黏度还要低（表3-32）。因此，二氧化碳酸性介质对泡沫压裂液的交联和耐温、耐剪切性能均有较严重的影响，增加了泡沫压裂液研究的复杂性和难度。

表3-31 二氧化碳泡沫压裂液在90℃时的耐温、耐剪切性能表（无APS）

| 时间（min） | 0.5 | 10 | 20 | 30 | 40 | 50 | 60 | 80 | 100 | 120 |
|---|---|---|---|---|---|---|---|---|---|---|
| 温度（℃） | 14.3 | 11.3 | 28.5 | 62.1 | 84.9 | 89 | 90.1 | 91.1 | 91.3 | 91.6 |
| 黏度（mPa·s） | 306 | 667 | 349 | 276 | 218 | 212 | 206 | 186 | 158 | 112 |

表3-32 二氧化碳泡沫压裂液在90℃时的耐温、耐剪切性能表（0.005%APS）

| 时间（min） | 0.5 | 10 | 20 | 30 | 40 | 50 | 60 | 70 | 80 | 90 |
|---|---|---|---|---|---|---|---|---|---|---|
| 温度（℃） | 11.1 | 15.2 | 47.6 | 81.6 | 89.4 | 89.7 | 90.9 | 91.4 | 91 | 91 |
| 黏度（mPa·s） | 403 | 198 | 167 | 143 | 120 | 113 | 100 | 93 | 80 | 70 |

表3-33 二氧化碳泡沫压裂液加50%水在室温下的耐温、耐剪切性能表（0.03%APS）

| 时间（min） | 0.5 | 10 | 20 | 30 | 50 | 60 | 80 | 90 | 100 | 120 |
|---|---|---|---|---|---|---|---|---|---|---|
| 温度（℃） | 25.1 | 26 | 26 | 26 | 25 | 25 | 25 | 25 | 25 | 25 |
| 黏度（mPa·s） | 726 | 422 | 881 | 759 | 511 | 369 | 225 | 178 | 143 | 88 |

表 3-34 不同配方条件下压裂液流变参数对比

| 温度<br>（℃） | APS<br>（%） | 60min | | 90min | |
| --- | --- | --- | --- | --- | --- |
| | | $k'$ | $n'$ | $k'$ | $n'$ |
| 110 | 0.001 | 2.128 | 0.4753 | 1.875 | 0.4699 |
| 110 | 0.01 | 1.671 | 0.4403 | 1.487 | 0.4160 |
| 90 | 0.02 | 2.057 | 0.3872 | 1.557 | 0.4013 |

4. 压裂液破胶性能

将该压裂液体系在不同温度和破胶剂浓度下，使用 $\phi$1.2mm 的毛细管黏度计，分别测试在不同时间内的压裂液破胶液黏度。该破胶试验结果见表 3-35。

表 3-35 压裂液破胶性能对比

| 序号 | 温度<br>（℃） | APS<br>（%） | 不同时间下破胶液黏度（mPa·s） | | | | | |
| --- | --- | --- | --- | --- | --- | --- | --- | --- |
| | | | 1h | 2h | 3h | 4h | 6h | 8h |
| 1 | 110 | 0.001 | — | — | — | 5.471 | 4.125 | 3.147 |
| 2 | 110 | 0.005 | — | — | — | 5.014 | 4.101 | 3.104 |
| 3 | 90 | 0.01 | — | — | — | — | 部分破 | 9.875 |
| 4 | 90 | 0.02 | — | 5.12 | — | 1.252 | | |
| 5 | 90 | 0.05 | — | 4.78 | — | 1.047 | | |

5. 动态模拟试验结果

使用多功能泡沫流动回路，进一步动态模拟二氧化碳泡沫压裂液流体的流变学特性，模拟条件为泡沫质量55%、温度80℃、压力5.5MPa，模拟试验结果见图 3-13。试验结果表

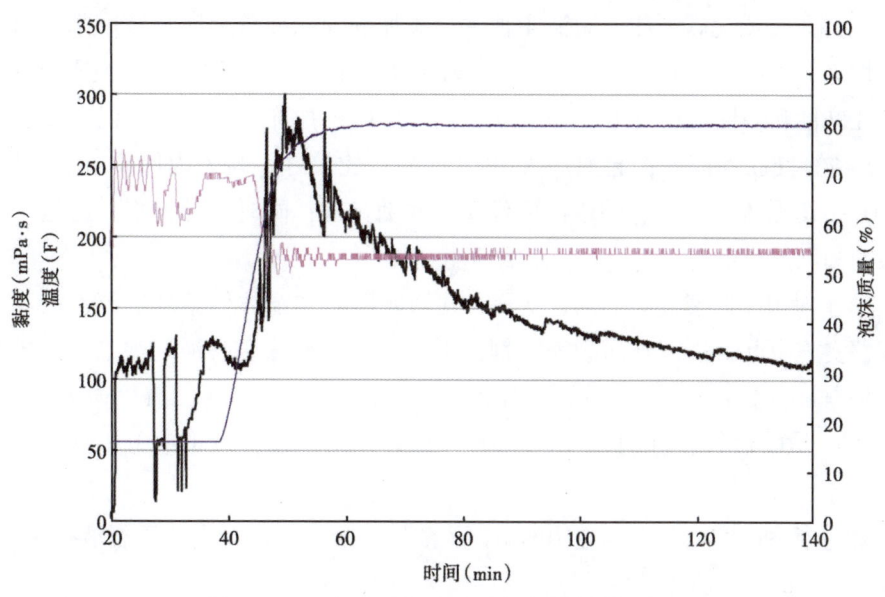

图 3-13 二氧化碳泡沫压裂液动态模拟结果图

明，该泡沫压裂液具有较好的流变性能，最高黏度为294.5mPa·s，随后仍保持了较高黏度，剪切60min后黏度为132.1mPa·s，90min后黏度仍保持在105mPa·s以上。

6. 助排性能

对破胶液的清液进行测试，其表面张力为29.92mN/m，界面张力为1.34 mN/m。

7. 残渣

压裂液的残渣为226mg/L。

## 四、二氧化碳泡沫压裂液性能综合评价

（1）二氧化碳泡沫压裂液是一种优质低伤害压裂液体系，是不同压裂液类型的重要组成部分，具有含水量低、黏度高、滤失低、清洁裂缝、易返排、损害小等特点。

（2）二氧化碳泡沫压裂液是热力学不稳定体系，起泡和稳泡是泡沫压裂液的两项关键技术。具有良好起泡的表面活性剂必须具备易于产生泡沫和产生的泡沫有较好的稳定性两个条件；要求表面活性剂具有良好的降低表面张力能力；泡沫稳定性要求表面活性剂的吸附层有足够的强度，以增加弹性，减少液体的排泄量。研究优选的起泡剂具有良好的起泡、稳泡能力和高效特性。

（3）酸性增黏与交联是提高二氧化碳泡沫压裂液体系稳定、改善流变特性的重要途径。在二氧化碳酸性介质下实现了酸性增黏和酸性交联，大大提高泡沫压裂液热稳定性和剪切稳定性。通过大量试验研究，优选出了具有良好综合性能的二氧化碳泡沫压裂液配方体系。该压裂液具有起泡、稳泡能力强，流变性能、携砂能力好、低滤失、破胶快、低膨胀及低伤害特性等特点。同时储层岩心实验证实了二氧化碳泡沫压裂液对储层岩石具有低膨胀及低伤害特性。

（4）对国外二氧化碳泡沫压裂液4种主要添加剂性能评价表明，羧甲基羟丙基瓜胶稠化剂水溶性好，水不溶物低，增黏能力强，黏度高；JLJ-3交联剂交联反应受溶液pH值影响很大，在碱性和酸性可以交联，初交联较快，形成挑挂冻胶时间长，但在中性或弱酸性（pH值：5~7）交联性能差；起泡剂AMP75起泡性能较好，与国内优质起泡剂性能相当；助排剂PQJ-418表面张力高，差于国内优质气井助排剂；同时该助排剂和起泡剂与油田常用的杀菌剂和黏土稳定剂配伍性差，影响性能。

（5）鉴于对国外压裂液添加剂（送样与现场取样）和配方体系性能评价以及国内工程应用分析，实施中可引进国外压裂液主剂，国内配套了泡沫压裂液起泡剂、助排剂、破胶剂、黏土稳定剂、杀菌剂等，并优化了各添加剂用量，研究形成了二氧化碳泡沫压裂液新体系。研究表明，国外采用羧甲基瓜尔胶酸性交联技术在一定程度上改善了酸性压裂液流变性能。

（6）通过了室内实验及现场应用的验证，酸性交联二氧化碳泡沫压裂液技术条件成熟，能满足较大规模的压裂施工。

（7）国内用二氧化碳泡沫压裂液体系与国外有一定的差距，主要表现在使用的酸性交

联稠化剂（羧甲基化）。深入开展稠化剂的改进及现有羧甲基稠化剂的筛选，有利于提高二氧化碳酸性交联压裂液性能水平。

（8）二氧化碳泡沫压裂液是一种复杂气—液两相非牛顿流体，涉及了表面/界面化学、胶体化学、高分子物理、高分子化学、流体力学、流变学、热力学和反应动力学等相关学科。深入开展泡沫压裂液机理与高泡沫质量流变性能及工艺技术研究，特别是在起泡与稳泡、酸性交联机理、超临界二氧化碳流体流变学特征等方面研究方面，可进一步提高气藏压裂施工水平，满足不同储层压裂施工的需要。

# 第四章　二氧化碳泡沫压裂优化设计

二氧化碳泡沫压裂优化设计是根据储层地质特点研究储层与泡沫压裂的匹配关系，通过油藏数值模拟研究压裂后的产量变化情况，优化施工参数系统。

## 第一节　二氧化碳泡沫压裂工程实验

### 一、油气藏基本特征

#### (一) 油藏地质特征

1. 基本地质情况概述

当时在我国西部JA油田五里弯一区选择了3口油井进行二氧化碳泡沫压裂试验。其目的层是长$6_2$储层，以三叠系延长组三角洲前缘水下分流河道沉积为主。储层岩性为一套灰绿色中—细粒岩屑质长石砂岩，碎屑物主要以长石为主，其中长石含量49.2%，石英含量21.4%，岩屑含量14.0%，其他含量4.1%，填隙物以绿泥石、铁方解石为主，绿泥石含量4.9%，铁方解石含量1.42%，水云母含量0.9%，方解石含量0.66%，长石含量0.19%，硅质含量1.66%，杂基含量0.5%，其他含量1.17%。

据室内敏感性分析表明，该区长6油层属中等—偏弱酸敏、弱速敏、中等—偏弱水敏。

该区长6油层地面原油密度0.8535g/cm³，黏度（50℃）6.82mPa·s，凝固点22.73℃，沥青质含量2.45%。长6地层水矿化度82.2g/L，水型为$CaCl_2$型，pH值5.93。

2. 地应力场与岩石力学性质

JA油田长6储层特征连通性好，构造相对稳定，长6储层最大主应力方向为北东60°~75°之间。根据L82-51井长源距声波测井曲线进行的地应力剖面研究，油层最小水平主应力21MPa左右，油层与上、下隔层应力差约为7MPa。据统计，长6油层破裂压力约为31~36MPa，裂缝延伸压力约为20~24MPa。

借用ZJ60试验区L84-49井岩石力学实验，储层砂岩弹性模量平均为17000MPa，泊松比0.21，平均抗压强度113MPa，平均孔隙弹性系数0.68。

3. 储层孔—渗特征

油田长6油层主要分布在中部、南部和东部，其油层综合数据见表4-1。岩心平均渗透率1.13mD，平均孔隙度12.8%，平均有效厚度11.27m。据"开发压裂"的研究结果，认为储层有效渗透率是测井解释渗透率的 $\frac{1}{5} \sim \frac{1}{6}$，即储层平均有效渗透率取 0.5mD。

表 4-1　JA 油田长 6 油层综合数据表

| 油田区块 | 层位 | 有效厚度（m） | 岩心平均渗透率（mD） | 岩心平均孔隙度（%） | 试油 | | 初期试采 | |
|---|---|---|---|---|---|---|---|---|
| | | | | | 油（t/d） | 水（%） | 油（t/d） | 水（%） |
| 中部 | 长 6 | 10.6 | 1.0 | 12.6 | 10.83 | 1.74 | 6.7 | 9.0 |
| 南部 | 长 6 | 12.92 | 1.5 | 13.6 | 11.58 | 1.57 | 7.4 | 12.6 |
| 东部 | 长 6 | 10.3 | 0.88 | 12.1 | 6.34 | 4.9 | | |
| 平均 | 长 6 | 11.27 | 1.13 | 12.8 | | | | |

## （二）气藏地质特征

1. 基本地质情况概述

鄂尔多斯盆地北起阴山，南抵秦岭，东至吕梁山，西达贺兰山、六盘山。行政划区属陕、甘、宁、蒙、晋五省区。鄂尔多斯盆地上古生界砂岩气藏分布范围广泛，可达 $10 \times 10^4 km^2$，拥有巨大的含气量和资源潜力，是一个整体升降、凹陷迁移、构造简单的大型克拉通盆地。该盆地为西倾大单斜，平均坡降 $7 \sim 10m/km$。在盆地中北部发现下古生界奥陶系、上古生界石炭—二叠系两大含气层系。盆地的中部主要发育碎屑岩储层，自下而上分为石炭系本溪组、太原组，二叠系的山西组、下石盒子组。上古生界受河流和三角洲相砂体控制，属岩性气藏，自东向西分布有神木—子洲、东胜—横山、乌审旗—靖边、杭锦旗—召皇庙 4 个大型河流—三角洲沉积体系。上古生界砂体分布广泛且普遍含气，但主力气层为下石盒子组和山西组。

山西组属河流—三角洲沉积体系，下部主要是一套三角洲含煤地层，在含煤层系中分布着河流和三角洲砂体，岩性为灰色、深灰色或灰褐色中—细粒砂岩、薄层粉砂岩，上部为一套以分流河道沉积为主的砂泥岩段，砂岩为细—中粒岩屑砂岩，含砾及中—粗粒岩屑质石英砂岩。砂岩含气显示普遍，是中部地区上古生界主力含气层系之一。下石盒子组主要为一套河流、三角洲相沉积，岩性为浅灰色含砾粗砂岩、灰—灰白色中—粗粒砂岩及绿色岩屑石英砂岩，砂岩发育大型板状交错层理，含气显示普遍，是上古生界的又一主力气层。上石盒子组主要为一套干旱湖泊环境下沉积的红色泥岩及砂质泥岩互层，夹有薄层砂岩和粉砂岩，砂岩粒级分布广，细粒—中粒—粗粒及含砾等岩屑石英砂岩。在气田北部局部含气显示好。

上古生界天然气组分以甲烷为主，性质稳定。甲烷平均含量为 94.56%，乙烷为 2.02%，属于典型的干气气藏。天然气组分中的非烃含量：平均氮气为 1.757%，二氧化碳为 1.083%。部分气井中含少量氦气，平均含量 0.022%。气井中还普遍含少量氢气，平均含量为 0.12%。仅在一口井见微量硫化氢（小于可检测范围），其余均为零。平均天然气相对密度为 0.5892。

2. 压力温度特征

盆地东部气层埋深 2100~2800m，中部埋深 2900~3700m。气层温度一般为 90~110℃。

据统计，盒8段和山1段储层的压力系数均较低，盒8段的压力系数为0.77~0.90MPa/100m，平均为0.85 MPa/100m；山1段储层平均压力系数为0.88MPa/100m。

3. 储层物性特征

据区内的岩心、试井资料分析表明，气田盒8段储层物性表征非常复杂，平面上与垂向上的非均质性强，最大岩心渗透率可达561mD，而最小的岩心渗透率仅为0.07mD（表4-2）。

表4-2 气田物性统计结果（盒8段）

| 渗透率（mD） | 井数（口） | 比例（%） |
| --- | --- | --- |
| $K>20$ | 1 | 11.1 |
| $1<K≤20$ | 7 | 33.4 |
| $K<1$ | 10 | 55.5 |

山1段储层物性相对均一。从有岩心分析资料的9口井来看，仅1口井渗透率大于1mD；其余8口井渗透率集中在0.1~0.5mD之间。

按照石油天然气行业标准《天然气气藏分类》标准，气田总体上属于低压、致密砂岩气藏。常规压裂液返排困难，适合开展二氧化碳泡沫压裂试验。

## 二、岩心压裂工程实验

压裂设计需要考虑很多因素，不仅需要考虑基础参数，如地层渗透率、孔隙度、饱和度、地层压力、杨氏模量、泊松比、地应力大小及垂向剖面等，还需要考虑储层微观孔隙结构、敏感性、黏土矿物含量、微裂缝发育情况等因素。这些数据都可以从实验室或测井结果中获取。岩石力学性质如杨氏模量、泊松比等是石油工程设计如压裂、钻井完井和防砂等中必不可少的输入参数。这些参数直接影响施工设计中裂缝几何尺寸大小，同时对施工的成功与否起着重要的作用，所以获得准确可靠的岩石力学参数是工程施工的基础。

**（一）岩心X—衍射实验**

1. 实验原理

利用石油天然气行业标准《沉积岩粘土矿物相对含量X射线衍射分析方法》（SY/T 5163—1995）开展本次实验。实验原理是在定性分析的基础上，利用各种矿物相衍射峰的强度、高度关系计算各自的相对百分含量。实质是利用每种黏土矿物都有其特定的构造层型和层间物的固有特征，根据基面间距和衍射峰强度来对黏土矿物进行定性、定量判定。黏土矿物有几十种，一般常见的有伊利石（I）、高岭石（K）、绿利石（C）、蒙脱石（S）、伊/蒙混层（I/S）5种。实验室一般先做岩心矿物成分的X射线衍射实验，并在此基础上做黏土矿物的X射线衍射实验。

2. 分析结果

表4-3是根据4口井12块岩心进行的矿物成分X射线衍射实验，根据实验结果可知，该区块岩心主要矿物成分是石英和方解石，4口井平均石英含量为72.9%，方解石为2.6%，

黏土矿物总量为25.4%，基本属于岩屑石英砂岩。

表4-3 岩心矿物成分 X 射线衍射分析结果

| 井号 | 矿物种类和含量（%） | | 黏土矿物总量（%） |
|---|---|---|---|
| | 石英 | 方解石 | |
| S10 | 78.0 | 2.3 | 19.3 |
| S7 | 66.7 | 5.0 | 28.3 |
| S14 | 81.3 | 0.4 | 21.8 |
| S12 | 65.6 | 2.0 | 32.3 |
| 平均 | 72.9 | 2.6 | 25.4 |

表4-4是4口井12块岩心黏土矿物 X 射线衍射试验，根据实验结果可知，4口井黏土矿物平均含量：伊利石为37.1%，高岭石为24.3%，绿泥石为38.6%。易产生水敏伤害的蒙脱石基本没有，伊利石对水有一定程度的敏感性，但含量不高，只有S10井的岩心中伊利石含量超过50%，S14井岩心中伊利石含量最低只有16%。易产生速敏的高岭石含量最低，平均只有24.3%。绿利石为酸敏性矿物，平均38.6%，只有S14井的绿泥石含量最高为54%，其余均低于50%。

表4-4 岩心黏土矿物 X 射线衍射分析结果

| 井号 | 井段（m） | 层位 | 黏土矿物相对含量（%） | | |
|---|---|---|---|---|---|
| | | | 伊利石 | 高岭石 | 绿泥石 |
| S10 | 3251.36~3269.85 | 盒8段 | 53.3 | 9.3 | 37.3 |
| S7 | 3320.50~3324.04 | 盒9段 | 41.3 | 29.0 | 29.7 |
| S14 | 3453.17~3478.54 | 盒9段 | 16.0 | 30.0 | 54.0 |
| S12 | 3247.09~3250.79 | 盒9段 | 37.7 | 29.0 | 33.3 |
| 平均 | | | 37.1 | 24.3 | 38.6 |

**（二）扫描电镜实验**

1. 实验原理

扫描电子显微镜（SEM，以下简称扫描电镜）是对样品表面形态进行测试的一种仪器。当具有一定能量的入射电子束"轰击"样品表面时，电子与元素的原子核及外层电子发生单次或多次弹性或非弹性碰撞，一些电子被反射出样品表面，而其余的电子则渗入样品中，逐渐失去其功能直至停止运动。在此过程中有99%以上的入射电子能量转变成样品热能，而其余约1%的入射电子能量从样品中激发各种信号（参见国家标准《电子探针和扫描电镜 X 射线能谱定量分析通则》GB/T 17359—1998）。扫描电镜设备就通过这些信号得到讯息并做出电子图像分析，从而可对样品表面形态进行刻画。

扫描电镜有以下优点：有较高的放大倍数，一般可在20~200000倍之间连续可调；景深大，视野大，成像富有立体感，可直接观察各种试样凹凸不平表面的细微结构；试样制备简单。

2. 实验结果

4口井岩心的扫描电镜实验结果如图4-1至图4-4所示。

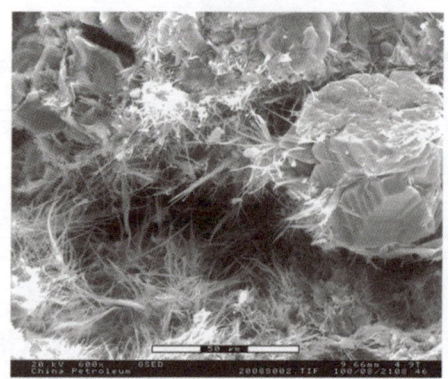 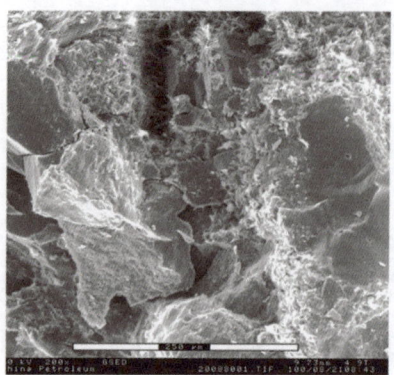

(a) 孔隙结构 (放大600倍)          (b) 微观结构 (放大200倍)

图4-1 S6井的电子显微镜扫描结果图（孔隙大并存在粒缘缝）

(a) 粒缘缝          (b) 微裂缝及溶孔

图4-2 S10井电子显微镜扫描结果图（存在粒缘缝和微裂缝及溶孔）

图4-3 S7井的电子显微镜扫描结果图（石英加大、孔隙缩小）

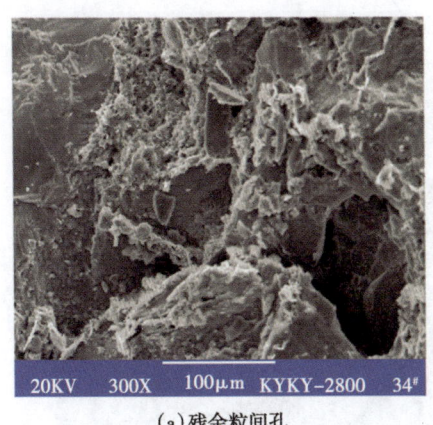 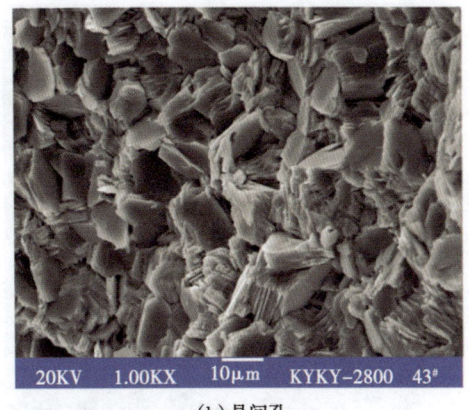

(a) 残余粒间孔　　　　　　　　　　　　(b) 晶间孔

图 4-4　S14 井和 S12 井的电子显微镜扫描结果图（残余粒间孔和晶间孔）

从岩心的电子显微镜扫描结果图显示出该气田微观结构的复杂性。部分井孔隙较大并存在粒缘缝及溶孔，如 S6 井和 S10 井，这类井往往物性较好（图 4-1、图 4-2）；部分井石英加大使孔隙缩小，粒间孔被充填，这类井反映出物性较差，如 S7 井（图 4-3）；另有部分井发育部分残余粒间孔和晶间孔，如 S12 井和 S14 井，此类井物性中等（图 4-4）。压裂设计要考虑储层微观孔隙结构，根据储层特征，设计优化压裂液性能和施工参数。

### （三）岩心 CT 扫描实验

1. 实验原理

CT 扫描的原理是利用 X 射线穿过岩心，X 射线强度的衰减程度与岩心的组成成分及厚度成正比，然后通过探测系统将 X 射线信号转变成电信号输入计算机系统进行运算得出数字矩阵，再经过计算机图像重建输出并显示出图像，从而分析岩心表面的微观结构。CT 扫描技术是将传统的 X 射线成像技术提高到了一个新的水平，不仅可以对岩心进行二维平面扫描，还可以进行三维立体扫描。

2. 实验结果

对 2 口井岩心开展了二维及三维 CT 扫描实验，见图 4-5 和图 4-6。结果表明，S10 井和 S14 井岩心的二维及三维 CT 扫描分析未发现明显裂缝，说明岩心总体属于致密砂岩类型，压裂设计时滤失系数可以不用过多考虑。

### （四）岩石力学参数实验

由于油气藏岩石作为多孔介质，岩石的力学性质与应力、温度等条件相关，实验室一般在模拟油藏条件下，即在油藏的地应力和油藏压力及温度条件下进行岩石力学参数测定试验研究，可以获得真实、可靠的岩石力学参数。因此在模拟油藏条件下获得的岩石力学参数才较可靠，杨氏模量和泊松比在压裂设计中直接影响到造缝的几何形状、施工压力、裂缝垂向增长。

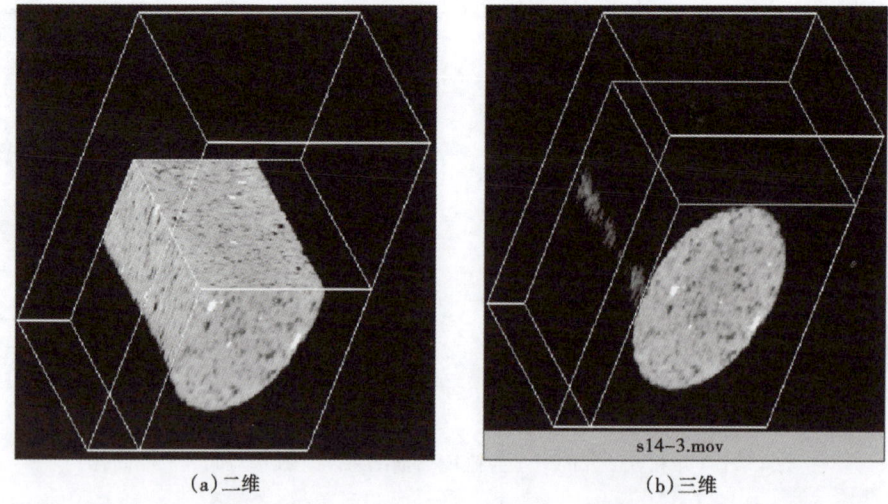

(a)二维　　　　　　　　　　　　　(b)三维

图 4-5　S14 井岩心二维及三维 CT 扫描结果图

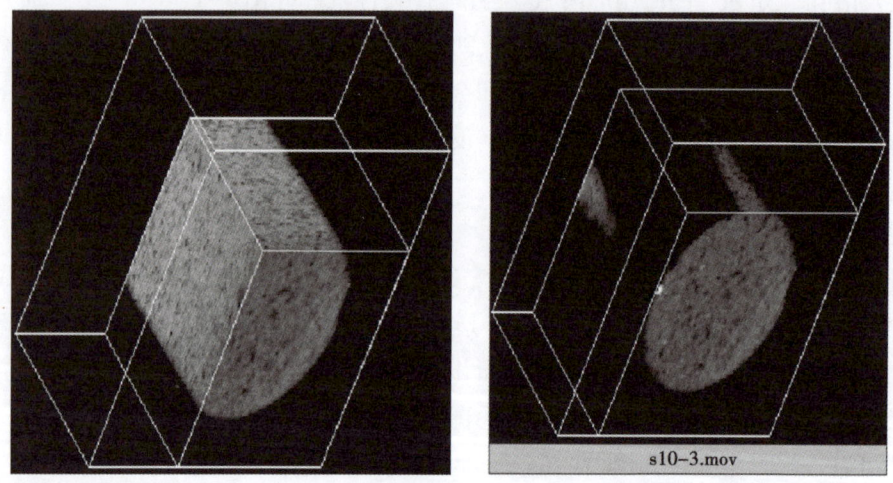

图 4-6　S10 井二维及三维 CT 扫描结果图

1）杨氏模量和泊松比

岩样制备与试验流程应严格按照国内或国际相关岩石力学试验推荐方法。样品一般采用圆柱形样品，长度与直径的比应不小于 2 以避免端部效应。两个端面平行且与轴线垂直。根据试验内容要求，有的岩样需浸泡在氯化钾溶液内 24h 以上。另外，有些类型岩石（如页岩）对天然孔隙流体失水特别敏感，为了保护其完整性，在取心、储存和样品准备过程中应避免干燥和暴露于空气中。试验过程中控制应变或应力加载速率，一般控制在 $1\times10^{-5}$ mm/（mm·s）。

试验过程中随着活塞位移，加在岩石样品上的应力也在逐渐增加，岩石长度会缩短，相应地径向尺寸增加。活塞作用力 $F$ 与岩样横截面积之比为作用在样品上的应力：

$$\sigma = \frac{4F}{\pi D^2}$$

式中 $\sigma$——应力，MPa；

$F$——轴向载荷，N；

$D$——样品直径，m。

岩样长度方向的相对改变量定义为轴向应变：

$$\varepsilon_1 = \frac{l_0 - l_1}{l_0}$$

式中 $\varepsilon_1$——轴向应变，mm/mm；

$l_0$——岩样初始长度，mm；

$l_1$——岩样变形后长度，mm。

相应地，岩样在径向的相对变化称为径向应变：

$$\varepsilon_2 = \frac{d_1 - d_0}{d_0}$$

式中 $\varepsilon_2$——岩样径向应变，mm/mm；

$d_1$——变形后的岩样直径，mm；

$d_0$——岩样初始直径，mm。

岩石杨氏模量 $E$ 定义为应力与轴向应变之比，即：

$$E = \frac{\sigma}{\varepsilon_1}$$

泊松比 $\nu$ 为径向应变与相应载荷下轴向应变之比，即：

$$\nu = \frac{\varepsilon_2}{\varepsilon_1}$$

2）孔隙弹性系数

对于各向同性线弹性情况，只有两个独立的弹性常数。剪切模量 $G$ 和体积模量 $K$ 可以写成 $E$ 和 $\nu$ 的函数。

其中，剪切模量 $G$：

$$G = \frac{E}{2(1+\nu)}$$

体积模量 $K$：

$$K = \frac{E}{3(1-2\nu)}$$

泰尔札吉（Terzaghi）在 1923 年首先将有效应力概念引入一维固结分析，并给出了下面的关系式：

$$\sigma' = \sigma - \alpha p$$

式中　$\sigma$——总应力；

　　　$\sigma'$——控制材料固结的有效应力；

　　　$p$——孔隙压力；

　　　$\alpha$——孔隙弹性系数。

比奥（Biot）导出了控制孔隙弹性变形的弹性方程，比奥和威里斯（Willis）、吉尔茨玛（Geertsma）以及斯科姆普坦（Skemptan）给出了孔隙弹性系数 $\alpha$ 的表达式：

$$\alpha = 1 - \frac{K_b}{K_s}$$

式中　$K_b$——体积模量；

　　　$K_s$——岩石基质的体积模量。

在土壤力学中对象主要是浅层土，土壤是非胶结的，有较强的可压缩性，其体积模量与基质体积模量相比较大，一般取孔隙弹性系数 $\alpha \approx 1$；石油工程中地层岩石埋深大多在几千米，基质的变形是不可忽略的。孔隙弹性系数是变化的且非常量，其变化范围一般为 $0.5 < \alpha < 1$。

一般而言，同一层位由于其深度和砂带位置不同，导致其岩石的杨氏模量和泊松比变化较大。表4-5列出了国内某气田岩心的岩石力学参数实验结果，杨氏模量一般在18980～23790MPa之间，泊松比一般在0.18～0.29之间，孔隙弹性系数一般在0.86～0.91之间。

尽管表4-5中的3块岩心都属于盒8段层位，深度也相近，砂带位置不同，杨氏模量差别也较大，如岩心2-18/117和2-86/128的深度相近，围压和孔压相同，但杨氏模量分别为18980 MPa和23790 MPa，泊松比分别是0.29和0.24。位于西北某气田的中砂带的岩心2-28/108，其杨氏模量达到27220MPa，高于东砂带和西砂带的杨氏模量；而其余岩心虽然位于同一砂带，但由于其深度不同，其杨氏模量也有较大差异，杨氏模量从12995 MPa变化到23790 MPa。从岩心表面观察，这两块岩心的砾岩颗粒直径明显增大，是含砾及中—粗粒石英砂岩。由于该地层纵向上岩石力学参数的变化非常大，压裂施工过程中必然导致不同井层的压裂施工压力相差较大。

表4-5　某气田岩心模拟油藏条件下三轴岩石力学参数试验结果表

| 岩心号 | 实验条件 | | 实验结果 | | | | | |
|---|---|---|---|---|---|---|---|---|
| | 围压（MPa） | 孔压（MPa） | 杨氏模量（MPa） | 泊松比 | 体积压缩系数（$10^{-4}$L/MPa） | 基质压缩系数（$10^{-5}$L/MPa） | 孔隙弹性系数 | 抗压强度（MPa） |
| 2-28/108 | 59.0 | 34 | 27220 | 0.22 | 3.06 | 3.24 | 0.89 | >85 |
| 2-18/117 | 56.0 | 32 | 18980 | 0.29 | 2.72 | 3.17 | 0.88 | >87 |
| 2-86/128 | 56.0 | 32 | 23790 | 0.24 | 2.36 | 3.28 | 0.86 | >67 |
| 2-9/140 | 57.5 | 33 | 12995 | 0.18 | 3.50 | 3.09 | 0.91 | >98.5 |

## （五）地层最小主应力

根据地层最小主地应力的大小，可以对支撑剂进行合理选择。实验室确定地层最小主地应力大小是根据岩石力学单轴压缩和有效应力条件下的三轴岩石力学参数，依据如下的摩尔破裂包络方程计算求取：

$$\sigma = \sigma_0 (1 + a_s p_e^{b_s})$$

式中　$\sigma$——有效应力（围压）条件下的抗压强度，psi；

　　　$\sigma_0$——单轴条件下的抗压强度，psi；

　　　$p_e$——围压，psi；

　　　$a_s$、$b_s$——取决于岩性的岩石强度系数。

用摩尔破裂包络理论获得不同岩性就地应力的计算公式如下：

$$\sigma_h = K_0 (\sigma_{0b} - p_p) + p_p$$

式中　$K_0$——无构造应力条件下的系数；

　　　$\sigma_{0b}$——上覆层应力，MPa；

　　　$p_p$——油藏压力，MPa。

$\sigma_{0b}$可由密度测井或常规经验估算得到。因此，最小主地应力$\sigma_h$转化为求取$K_0$，$K_0$可通过内摩擦角$\beta$获得，计算公式如下：

$$K_0 = 1 - \sin\beta \quad \text{（砂岩）}$$

$$K_0 = 0.9(1 - \sin\beta) \quad \text{（页岩）}$$

式中　$\beta$——岩石破坏时的内摩擦角。

用取自同一层位的三块岩心分别在单轴条件和不同围压条件下测取岩石抗压强度，经计算可得摩尔包络线的切线，从而得到$\beta$。

表4-6是西北某气田地层最小主应力实验结果，根据实验结果，即使岩心位于同一层位，由于其砂体和位置不同，导致其地层最小主应力差别较大。如S14井位于气田中砂带，其地层最小主应力为54.9MPa；而S10井位于东砂带，其地层最小主应力为45.3MPa，相差近10MPa。这与实际压裂施工时的压力反应一致。另一方面，岩心物性不同导致其抗压强度也有较大差别，最终导致地层最小主应力差别较大。如S14井物性较好，对抗压强度敏感程度小，在60MPa下抗压强度为203MPa；而S10井物性较差，在65MPa下抗压强度为429MPa。

## （六）地应力剖面

在压裂设计中，二维压裂设计的缝高假定值是一个常数，该值大多数情况下是根据测井曲线综合分析和经验值来确定的。缝高不随施工时间、施工参数、压裂液性质的变化而变化。这种假设显然是与压裂施工中裂缝几何尺寸的扩展规律不相符合的。而应用拟三维和全三维裂缝模拟软件模拟的裂缝高度、宽度和长度除了受压裂液性能、泵注砂量、液量等施工参数的影响外,更重要的是受储层(产层)及隔层(非产层)的就地应力分布的控制,特别是裂缝在垂直方向的扩展,直接受产层就地应力差的控制。在压裂改造中,要发现水力裂缝几何尺寸的变化规律,必须认识地层地应力剖面状况。

表4-6 某气田岩心地层最小主应力大小实验结果表

| 井号 | 岩心号 | 实验条件 | | 实验结果 |
|---|---|---|---|---|
| | | 有效围压(MPa) | 抗压强度(MPa) | 地层最小主应力(MPa) |
| S14井 | 2(28/108) | 25 | 85 | 54.9 |
| | 2(49/108) | 60 | 203 | |
| S10井 | 2(30/128) | 45 | 321 | 45.3 |
| | 2(30/128) | 65 | 429 | |

伊顿(Eaton)在1967年提出了利用岩石力学弹性常数、泊松比来计算地应力。通过现代测井技术长源距声波测井(LSDS)获取地层岩石的纵波(压缩波)和横波(剪切波)波速时差,可以计算岩石力学弹性参数的泊松比。Ahmed、Mankly等人后来使用现场微压裂获得的地应力数据对利用长源距声波测井和密度测井资料计算的地应力剖面进行校正,取得了更加准确的地应力剖面。

长源距声波测井(LSDS)记录了地层的全波波列,从全波波列中可以提取地层岩石的纵波(压缩波)和横波(剪切波)。利用其纵波时差和横波时差及岩石密度,可以计算地层岩石的弹性力学参数泊松比和杨氏模量:

$$v = \frac{[1-2(\Delta t_c/\Delta t_s)^2]}{2[1-(\Delta t_c/\Delta t_s)^2]}$$

式中 $v$——泊松比;

$\Delta t_c$——纵波时差;

$\Delta t_s$——横波时差。

$$E = A\rho \frac{(1+v)(1-2v)}{\Delta t_c^2(1-v)}$$

式中 $E$——杨氏模量;

$A$——常数;

$\rho$——岩石密度。

根据比奥孔隙弹性变形理论,在形成裂缝区域的水平方向上:

$$S_x = \sigma_x + \alpha p = v\frac{(S_z - \alpha p)}{(1-v)} + \alpha p$$

式中 $S_x$——水平方向上地应力;

$S_z$——垂直方向上地应力；

$p$——地层压力；

$\sigma$——水平方向最小骨架应力。

对国内西北某气田 6 口井测井曲线进行了地应力剖面研究见表 4-7。目的层和上、下隔层应力差一般大于 6MPa，压裂时对裂缝垂向延伸有一定的控制作用。地应力剖面示意图如图 4-7 所示。

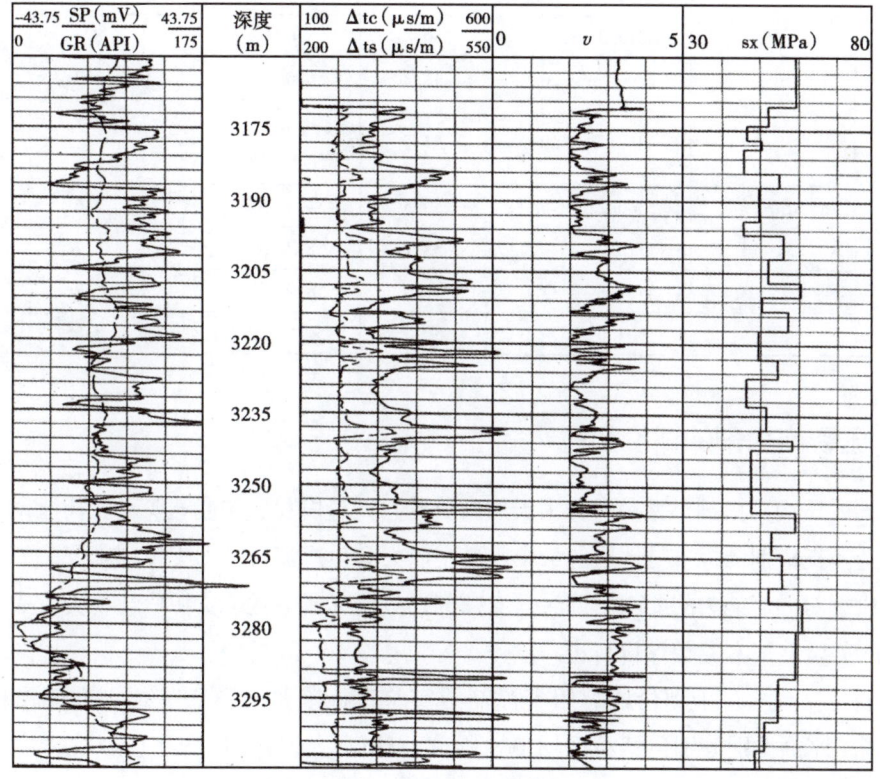

图 4-7　地应力剖面示意图

表 4-7　西北某气田地应力剖面研究结果表

| 层位 | 井号 | 井段<br>（m） | $\sigma_{砂}$<br>（MPa） | $\sigma_{隔}$<br>（MPa） | $\Delta\sigma$<br>（MPa） | 平均 $\Delta\sigma$<br>（MPa） |
|---|---|---|---|---|---|---|
| 盒 8 段<br>上亚段 | S38-14 | 3291.0~3319.0 | 51.2 | 58.3, 61.1<br>53.7, 58.5 | 7.1, 9.9<br>2.5, 7.3 | 6.5 |
| | S24-17 | 3281.0~3312.4 | 49.3 | 53.1, 54.7 | 3.8, 5.4 | |
| | SP1 | 3272.4~3300.8 | 50.4 | 58.4, 57.2 | 8.0, 6.8 | |
| | SP2 | 3266.5~3290.5 | 49.9 | 57.4, 56.1 | 7.5, 6.2 | |

续表

| 层位 | 井号 | 井段<br>（m） | $\sigma_砂$<br>（MPa） | $\sigma_隔$<br>（MPa） | $\Delta\sigma$<br>（MPa） | 平均$\Delta\sigma$<br>（MPa） |
|---|---|---|---|---|---|---|
| 盒8段下亚段 | S38-14 | 3319.0~3353.0 | 51.5 | 58.5, 57.6<br>58.1, 59.0 | 7.0, 6.1<br>6.6, 7.5 | 6.3 |
|  | S24-17 | 3312.4~3346.2 | 49.5 | 51.1, 54.3 | 1.6, 4.8 |  |
|  | S31-16 | 3276.6~3312.0 | 51.9 | 59.6, 63.3 | 7.7, 11.4 |  |
|  | S23 | 3412.0~3439.8 | 49.7 | 52.1, 58.9 | 2.4, 9.2 |  |
|  | SP1 | 3315.3~3334.0 | 50.8 | 55.0, 59.1 | 4.2, 8.3 |  |
|  | SP2 | 3290.5~3320.0 | 48.3 | 56.6, 51.5 | 8.3, 3.2 |  |
| 山1段 | S38-14 | 3353.0~3400.0 | 51.7 | 59.0, 59.2<br>58.9, 57.1 | 7.3, 7.5<br>7.2, 5.4 | 6.8 |
|  | S24-17 | 3346.2~3370.0 | 50.3 | 54.3, 54.9 | 4.0, 4.6 |  |
|  | S31-16 | 3312.0~3340.0 | 52.1 | 58.7, 59.3 | 6.6, 7.2 |  |
|  | S23 | 3439.8~3481.0 | 50.0 | 58.9, 59.7 | 8.9, 9.7 |  |
|  | SP1 | 3334.0~3370.0 | 50.5 | 54.8, 59.1 | 4.3, 8.6 |  |

### 三、压裂支撑剂的评价实验

目前国内压裂支撑剂类型一般分为天然石英砂、人造陶粒、树脂石英砂、树脂陶粒等。压裂设计时选择支撑剂的标准是地层的最小水平主应力和生产流压，即支撑剂承受的有效闭合压力应满足压裂对导流能力的要求。同时，支撑剂还具备易于输送、货源广、物美价廉等特点。

#### （一）实验室基本参数评价标准

我国石油天然气工业评价压裂用支撑剂的实验室标准是《压裂支撑剂性能指标及测试推荐方法》，评价类别分别包括粒径均值、圆度、球度、浊度、体积密度、视密度、酸溶解度、破碎率8项基本参数，符合标准即为合格产品（表4-8）。压裂设计一般还要对比支撑剂在不同闭合压力下的导流能力，一般选择导流能力高的支撑剂，压裂后效果会更好。

表4-8  SY/T 5108—2006标准规定的检测项目及性能指标

| 序号 | 项目名称 | 标准要求指标 |
|---|---|---|
| 1 | 粒度均值分布 | 不低于90% |
| 2 | 视密度（g/cm³） | — |
| 3 | 体积密度（g/cm³） | — |
| 4 | 酸溶解度 | ≤5% |
| 5 | 浊度（NTU） | ≤100 |
| 6 | 圆度 | >0.60 |
| 7 | 球度 | >0.60 |
| 8 | 破碎率 | 不同品种要求不同 |

关于密度，850~425μm 和 600~300μm 两种粒径下陶粒按密度可分为低密度、中密度、高密度三种。如常用的 850~425μm（20/40 目）的低密度陶粒（体积密度≤1.65g/cm³，视密度≤3.00g/cm³）、中密度陶粒（体积密度≤1.80g/cm³，视密度≤3.35g/cm³）、高密度陶粒（体积密度>1.80g/cm³，视密度>3.35g/cm³）。其他粒径陶粒和石英砂则没有要求。

关于破碎率，不同品种（陶粒或石英砂）、不同型号（粒径）的支撑剂要求是不一样的。如常用的 850~425μm（20/40 目）的石英砂要求在铺砂浓度 20kg/m²、闭和压力 28MPa 条件下，破碎率≤14%；425~212μm（40/70 目）的石英砂要求在铺砂浓度 20kg/m²、闭和压力 35MPa 条件下，破碎率≤8%。而对陶粒的要求更具体，常用的 850~425μm（20/40 目）的中密度陶粒（体积密度<1.8g/cm³，视密度<3.35g/cm³）要求在铺砂浓度 20kg/m²、闭和压力 56MPa 条件下，破碎率≤5%；425~212μm（40/70 目）的陶粒要求在铺砂浓度 20kg/m²、闭和压力 86MPa 条件下，破碎率≤10%。

### （二）实验室导流能力评价结果

采用 API 标准试验方法用线性流导流能力试验仪器进行了试验，评价石英砂在不同条件下的线性导流能力，石英砂尾追陶粒（体积比 2:1）在不同条件下的线性导流能力，以及陶粒在不同条件下的线性导流能力的实验分析。

1. 石英砂的导流能力实验

采用 API 标准试验方法用线性流导流能力试验仪器进行了石英砂在不同条件下的线性导流能力实验（表4-9）。

表4-9 石英砂导流能力实验结果表

| 测量介质 | 蒸馏水 | |
|---|---|---|
| 测量方法 | 线 性 流 | |
| 铺砂浓度（kg/m²） | 5（425~850μm 石英砂） | |
| 闭合压力（MPa） | 导流能力（D·cm） | 渗透率（D） |
| 10 | 87.37 | 277.36 |
| 20 | 45.51 | 150.93 |
| 30 | 19.91 | 69.26 |
| 40 | 8.20 | 29.75 |

从试验结果可以看出，石英砂在闭合压力 20MPa、下铺砂浓度为 5kg/m² 时，导流能力仅为 45.51D·cm；在闭合压力 30MPa、下铺砂浓度为 5kg/m² 时，导流能力仅为 19.91D·cm；在闭合压力 40MPa、下铺砂浓度为 5kg/m² 时，导流能力仅为 8.20D·cm。因此，石英砂支撑剂的导流能力显然不能满足井深超过 3000m、闭合压力大于 30MPa 的油气藏压裂的需要，但是对于井深小于 3000m 的油气藏压裂来说比较经济适用。

2. 石英砂尾追陶粒在不同条件下的导流能力实验

采用 API 标准试验方法用线性流导流能力试验仪器进行了石英砂尾追陶粒（体积比 2:1）

在不同条件下的线性导流能力的实验（表4-10）。

**表4-10　石英砂尾追陶粒导流能力实验结果表**

| 测量介质 | 蒸馏水 | |
|---|---|---|
| 测量方法 | 线 性 流 | |
| 铺砂浓度（kg/m²） | 5（850~425μm 石英砂尾追 1250~850μm 陶粒，体积比 2∶1） | |
| 闭合压力（MPa） | 导流能力（D·cm） | 渗透率（D） |
| 10 | 108.98 | 342.18 |
| 20 | 66.35 | 218.02 |
| 30 | 32.51 | 111.79 |
| 40 | 14.51 | 51.65 |

从试验结果可以看出，用陶粒作为尾追支撑剂，导流能力有一定程度的提高。在闭合压力20MPa的同样条件下导流能力提高了45.8%，在闭合压力30MPa的同样条件下导流能力提高了63.3%，在闭合压力40MPa的同样条件下导流能力提高了77%；但绝对值只有14.51 D·cm，难以满足闭合压力大于30MPa的油气藏压裂的需要。若单从导流能力提高单井产量角度出发，若井深在2000~3000m之间，采用石英砂尾追陶粒的方式对提高压裂裂缝导流能力有一定程度的帮助。

3. 陶粒在不同条件下的导流能力实验

采用API标准试验方法用线性流导流能力试验仪器进行了3种不同品牌陶粒在不同条件下的线性导流能力的实验（表4-11）。表4-11中A、B是国内品牌陶粒，C是国外品牌陶粒。

**表4-11　陶粒导流能力实验结果**

| 陶粒名称 | A 陶粒 | B 陶粒 | C 陶粒 |
|---|---|---|---|
| 测量介质 | 蒸馏水 | 蒸馏水 | 蒸馏水 |
| 测量方法 | 线 性 流 | 线 性 流 | 线 性 流 |
| 粒径（μm） | 1250~850 | 850~425、中密度 | 850~425、低密度 |
| 铺砂浓度 | 5（kg/m²） | 5（kg/m²） | 5（kg/m²） |
| 闭合压力（MPa） | 导流能力（D·cm） | 导流能力（D·cm） | 导流能力（D·cm） |
| 10 | 267.40 | 143.48 | 313.45 |
| 20 | 228.93 | 116.94 | 249.66 |
| 30 | 184.97 | 93.96 | 190.46 |
| 40 | 125.44 | 74.63 | 140.19 |
| 50 | 81.72 | 53.13 | 92.77 |
| 60 | 55.89 | 40.27 | 54.56 |

从试验结果可以看出，不管是国内陶粒还是进口陶粒，只要是纯陶粒支撑剂就可以获得比石英砂高得多的导流能力结果，可以满足井深超过3000m、闭合压力在30~60MPa之间的油气藏压裂的需要，若需要承压能力更高的陶粒，可以选择对应的高密度或者小粒径陶粒。

从陶粒A和陶粒B的实验结果分析，A是大粒径陶粒，其导流能力在每个闭合压力条件下都高于B，如在闭合压力40MPa下，A陶粒的导流能力为125.44D·cm，B陶粒的导流能力为74.63D·cm，提高了68.1%；在60MPa闭合压力下A陶粒的导流能力为55.89D·cm，B陶粒的导流能力为40.27D·cm，提高了38.8%。所以在地层进砂条件允许的前提下，适当提高陶粒的粒径均值，可以提高裂缝导流能力，有助于提高压裂效果。

从陶粒B和陶粒C的实验结果分析，B和C都是同一粒径，但B是中密度，C是低密度，且C是国外品牌陶粒，其导流能力在每个闭合压力条件下都高于B的结果，如在闭合压力40MPa下，B陶粒的导流能力为74.63D·cm，C陶粒的导流能力为140.19D·cm，提高了87.8%；在闭合压力60MPa下，B陶粒的导流能力为40.27D·cm，C陶粒的导流能力为54.56D·cm，提高了35.5%。所以在经济条件可行、勘探阶段认识储层以提高产量的角度出发，选择导流能力更高的陶粒肯定有助于提高压裂效果。

### （三）支撑剂综合评价结果

按照项目实施二氧化碳泡沫压裂试验的要求，前期试验的油井井深一般小于2000m，油藏闭合压力在20MPa左右，可以选择石英砂作为压裂支撑剂；对于井深大于3000m、气藏闭合压力在40MPa左右的气井，考虑使用高强度陶粒作为压裂支撑剂。

## 第二节 二氧化碳泡沫压裂技术的油气藏模拟研究

### 一、油藏二氧化碳泡沫压裂技术的数值模拟研究

#### （一）油藏模拟基本参数

综合分析储层地质条件，得出本次二氧化碳泡沫压裂试验研究的油藏模拟条件（表4-12）。

表4-12 二氧化碳泡沫压裂试验研究的油藏模拟条件

| 层位 | 长$6_2$ | 有效厚度（m） | 12 |
|---|---|---|---|
| 井网 | 反九点 | 有效渗透率（mD） | 0.5~1 |
| 井距（m） | 300~350 | 孔隙度（%） | 11~12 |
| 地温（℃） | 60 | 生产压差（MPa） | 10 |
| 埋深（m） | 1860 | 地面原油密度（g/cm$^3$） | 0.8535 |
| 原始地层压力（MPa） | 16.66 | 黏度（50℃）（mPa·s） | 6.82 |

#### （二）油藏模拟研究结果

根据油藏的地质特征和泡沫压裂改造的要求，本次油藏模拟研究主要包括不同压裂液体

系、不同裂缝长度、不同裂缝导流能力、不同渗透率等方面对压裂后产量的影响。

1. 不同支撑半缝长条件下的产量变化情况

图 4-8 是在有效厚度 12m，有效渗透率为 0.5mD，生产压差 10MPa，导流能力 15D·cm 的条件，产油量随支撑半缝长的变化情况。从图 4-8 中可以看出，不压裂时，12 个月的平均产油量只有 0.81t/d；支撑半缝长 100m，压裂后 12 个月的平均产油量为 3.2t/d，增产倍比为 3.95；同理，在支撑半缝长 130m、180m、200m 时，压后 12 个月平均产油量分别为 3.24t/d、3.48t/d、和 3.52t/d，分别在同样时间里增产量分别为 0.04t/d、0.11t/d 和 0.04t/d，增产倍比分别为 4、4.3 和 4.35，增加的幅度逐渐减少。由此说明：当厚度和有效渗透率一定时，增加支撑半缝长，平均产油量有一定程度的提高，增产倍比也相应增加。但是，压裂后期的产油量却有一定程度的降低，并且随着支撑半缝长的增加，产油量增加的幅度逐渐减少。

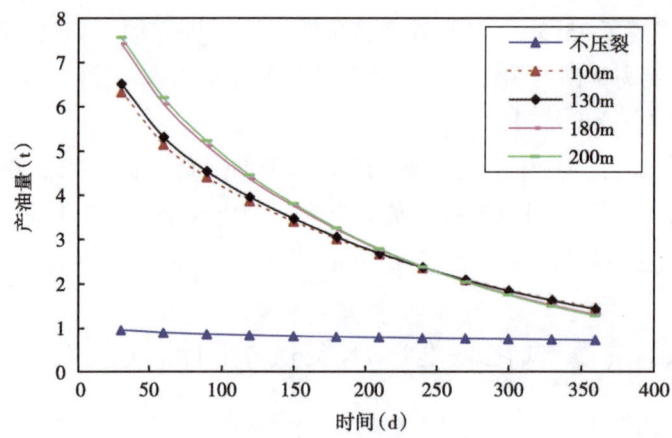

图 4-8 不同支撑半缝长条件下的产量变化情况图（$K$ = 0.5mD）

图 4-9 是在有效厚度 12m、有效渗透率为 1.0mD、生产压差 10MPa、导流能力 15D·cm 的条件下，产油量随支撑半缝长的变化情况。从图 4-9 中可以看出，不压裂时，12 个月（1 年）平均产油量只有 1.47t/d；支撑半缝长 100m，压裂后 12 个月平均产油量为 3.72t/d，增产倍比为 3.95；同理，在支撑半缝长分别为 130m 和 180m 时，压后 12 个月平均产油量分别为 3.78t/d 和 3.82 t/d，随着支撑半缝长的增加，产油量增加的幅度逐渐减小。

图 4-10 和图 4-11 是在有效厚度 12m、生产压差 10MPa、导流能力 30D·cm 的条件下，有效渗透率分别为 0.5mD 和 1.0mD 条件下，产油量随支撑半缝长的变化情况。其产油量增加的规律与图 4-8 和图 4-9 相似。

从以上规律可知，压裂后增产趋势是产油量随支撑半缝长的增加而增加，但增长的幅度并不大。随着支撑半缝长的增加，产油量增加的幅度逐渐减小。因此，相对于这种储层地质条件，施工规模并不是越大越好，必须以能造出最佳支撑半缝长为佳。

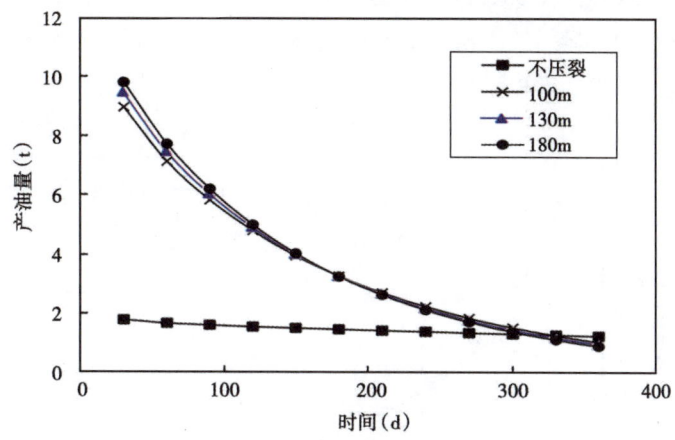

图 4-9 不同支撑半缝长条件下的产量变化情况图（$K=1.0mD$）

**2. 不同渗透率条件下的产油量变化情况**

对于渗透率不同的储层，压裂后产油量差别很大。图 4-8 和图 4-9 是导流能力为 15D·cm、生产压差 10MPa，有效渗透率分别为 0.5mD 和 1mD 的条件下的产量变化情况。若支撑半缝长为 180m、有效渗透率为 0.5 mD 时，压后 1 个月平均产油量为 7.42t/d，压后 12 个月平均产油量为 3.48t/d；有效渗透率为 1mD 时，压后 1 个月平均产油量为 9.8t/d，压后 12 个月平均产油量为 3.82t/d。

图 4-10 和图 4-11 是导流能力为 30D·cm、生产压差 10MPa、有效渗透率分别为 0.5mD 和 1mD 的条件下产量变化情况，若支撑半缝长为 180m、有效渗透率为 0.5mD 时，压后 1 个月平均产油量为 9.3t/d，压后 12 个月平均产油量为 3.72t/d；有效渗透率为 1mD 时，压后 1 个月平均产油量为 13.2t/d，压后 12 个月平均产油量为 4.11t/d。

由此可知，压后初期产油量随渗透率增加而增加，且增加的幅度较大。但是在后期的变化幅度逐步变小。因此，压裂改造时，在生产压差、有效渗透率和有效厚度一定的情况下，

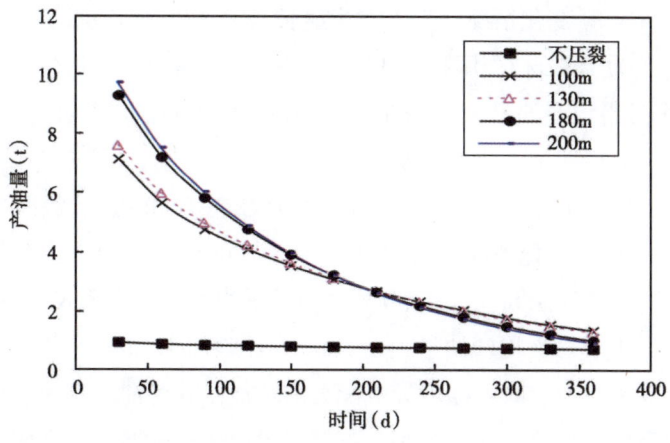

图 4-10 不同支撑半缝长条件下的产量变化情况图（$K=0.5$ mD）

有效渗透率太低会导致即使压裂后也不能达到工业开采价值;反之,若渗透率适当增加,同等施工参数则增产较为明显。故本次二氧化碳泡沫压裂实验应该优先选择渗透率较高、物性较好的井进行压裂,待成功后再推广。

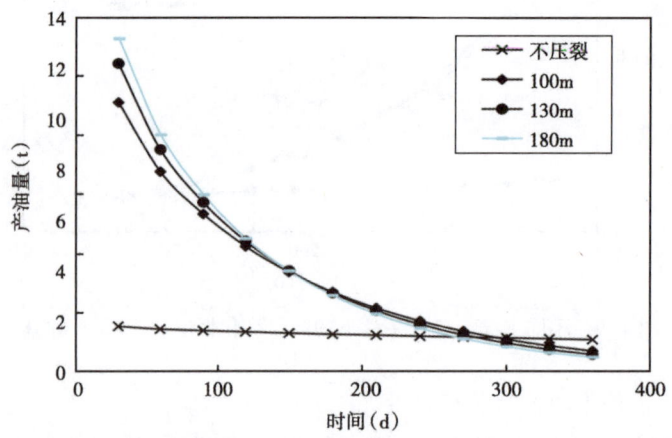

图 4-11　不同支撑半缝长条件下的产量变化情况图（$K=1.0\mathrm{mD}$）

**3. 不同压裂液体系下的产油量变化情况**

据文献调研结果显示,水基压裂液对裂缝导流能力的保持率为10%~50%,对地层渗透率的保持率为40%左右,泡沫压裂液（泡沫质量大于70%）对裂缝导流能力的保持率为80%~90%,对地层渗透率的保持率为90%左右。但二氧化碳泡沫压裂液（比例1:1）由于的水基体积较大,对裂缝导流能力的保持率比泡沫压裂液低（泡沫质量大于70%）,结合石英砂在20MPa下的导流能力为45.5D·cm,则优化后的水基压裂液和二氧化碳泡沫压裂液的裂缝导流能力分别为15D·cm和30D·cm,因此,研究导流能力为15D·cm和30D·cm条件下,可以等效研究不同压裂液体系应用后的压裂效果。

图4-8和图4-10是有效渗透率为0.5mD、生产压差10MPa,导流能力分别为15D·cm和30D·cm的条件下产量变化情况,若支撑半缝长为180m,导流能力为15D·cm时,压裂后1个月平均产油量为7.42t/d,压裂后12个月平均产油量为3.48t/d;导流能力为30D·cm时,压裂后1个月平均产油量为9.3t/d,压裂后12个月平均产油量为3.72t/d。压裂初期的增加幅度较大,但后期增加幅度逐步减小。

图4-9和图4-11是有效渗透率为1.0mD、生产压差10MPa,导流能力分别为15D·cm和30D·cm的条件下产量变化情况,若支撑半缝长为180m,导流能力分别为15D·cm时,压裂后1个月平均产油量为9.8t/d,压裂后12个月平均产油量为3.82t/d;导流能力分别为30D·cm时,压裂后1个月平均产油量为13.2t/d,压裂后12个月平均产油量为4.11t/d。

由此可知,当渗透率一定时,随着导流能力的增加,其产油量相应增加,且在压裂初期增加幅度较大,但后期增加幅度逐步减小。若储层渗透率有所增加,则应适当提高裂缝导流能力,可进一步提高压裂后效果。因此,选择物性较好的储层进行二氧化碳泡沫压裂试验效果会更好。

图 4-12 是根据典型井 J39-54 井的储层条件，模拟了优化后的水基压裂液和二氧化碳泡沫压裂液对储层和导流能力的影响。其有效渗透率为 0.5mD，水基压裂后的有效渗透率为 0.2mD，泡沫压裂后的有效渗透率为 0.45 mD；根据石英砂的导流能力，水基压裂和二氧化碳泡沫压裂后的裂缝导流能力分别为 24D·cm 和 56.5μm²·cm。水力裂缝支撑半缝长 100m，生产压差 10MPa，由图 4-12 可知，两种压裂液压裂后 30d 的日产油量分别为 9.8t/d 和 15.3t/d，其趋势与前面不同裂缝导流能力下产量变化情况类似。

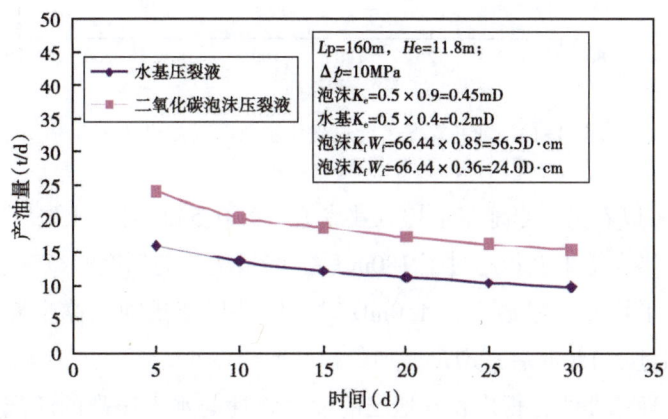

图 4-12 不同压裂液下产量变化情况图

显然，采用二氧化碳泡沫压裂比常规水基压裂，可以更多地返排残余压裂液，有利于提高压后产量。

**（三）油层与水力压裂的优化匹配研究**

根据 JA 油田长 6 地层特点和模拟结果，进行了支撑半缝长的优化研究，研究支撑半缝长与不同渗透率的关系（图 4-13 和图 4-14）。

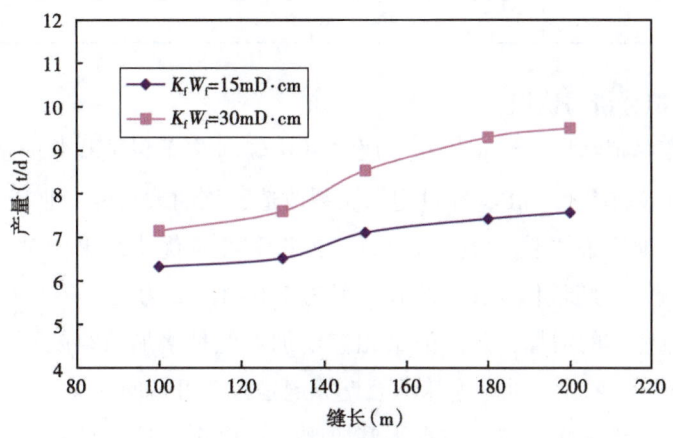

图 4-13 油井支撑半缝长优化示意图（$K=0.5$mD）

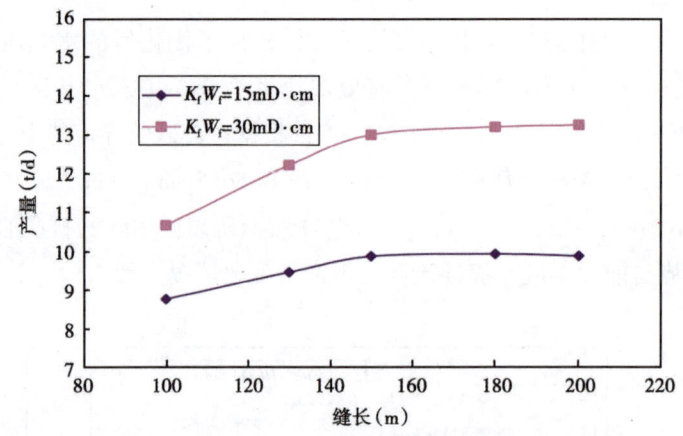

图 4-14 油井支撑半缝长优化示意图 ($K=1.0mD$)

从图 4-13 中可以看出，当地层平均有效渗透率为 0.5mD 时，压裂后产量随支撑半缝长的增加而增加，但当支撑半缝长超过了 180m 后，产量增加的幅度明显变小。

同理，当地层平均有效渗透率为 1.0mD 时，压裂后产量随支撑半缝长的增加而增加，但当支撑半缝长超过了 150m 后，产量增加的幅度明显变小。

结合埃尔金斯理论曲线，得出长 6 地层的油藏物性与水力压裂的匹配关系（表 4-13）。同时，为了保证压裂液造缝，同时控制液体滤失伤害地层，前置液百分比控制在 25% 左右。通过优化压裂施工，力争压裂后一年单井平均日产量大于 4t。

表 4-13 油藏物性与水力压裂的匹配关系表

| 平均有效渗透率<br>（mD） | 支撑半缝长<br>（m） | 加砂量<br>（m³） |
| --- | --- | --- |
| 0.15 | >180 | >30 |
| 0.5 | 160~180 | 25~30 |
| 1.0 | 130~160 | 20~25 |

**（四）油藏模拟分析与认识**

（1）根据油藏模拟结果，针对长 6 地层二氧化碳泡沫压裂试验井的情况，平均有效厚度 12m，平均有效渗透率 0.5mD，经过泡沫压裂改造，该油藏具有工业开采价值。

（2）在现有的地质条件下，根据水力裂缝模拟和经济优化结果，对于储层平均有效渗透率 0.5mD 的情况，裂缝最佳支撑半缝长一般为 160~180m 为宜。

（3）随着导流能力的增加，其产油量相应增加；但是增加的幅度不大。考虑油井深度和闭合压力，选择石英砂作为油井泡沫压裂支撑剂是经济可行的。

（4）采用二氧化碳泡沫压裂比常规水基压裂，可以更多地返排残余压裂液，有利于提高压后产量。但在压裂后期，两种压裂方式的压裂后产量非常接近。

（5）对有效厚度一定的储层，有效渗透率增加，压裂后产油量相应增加。鉴于本次二氧化碳泡沫压裂试验的原则是"先油井后气井"，油井处于试验阶段，最终目的是气井二氧化碳泡沫压裂，建议优先选择物性较好的储层并提高单井采油量，确保二氧化碳泡沫压裂工艺技术的成功，以期在气井泡沫压裂时推广应用。

## 二、气藏二氧化碳泡沫压裂技术的数值模拟研究

### （一）气藏模拟基本参数

综合分析上古储层地质条件，结合以往上古泡沫压裂研究结果，得出本次二氧化碳泡沫压裂试验研究的油藏模拟条件（表4-14）。

表4-14 二氧化碳泡沫压裂试验研究的气藏模拟条件表

| 地层温度（℃） | 90~120 | 有效厚度（m） | 6, 9, 12, 15, 18, 21, 24 |
|---|---|---|---|
| 埋深（m） | 3000 | 有效渗透率（mD） | 0.15, 0.5 |
| 原始地层压力（MPa） | 27 | 孔隙度（%） | 11~12 |
| 气体密度（g/cm$^3$） | 0.5842 | 生产压差（MPa） | 6, 10 |

### （二）气藏裂缝几何尺寸敏感性分析

结合气藏的地质特征，研究了泡沫压裂和水基压裂下裂缝几何尺寸的变化规律。

1. 不同压裂液体系下裂缝几何尺寸分析

由于二氧化碳泡沫压裂的特殊性，它不同于水基压裂液体系，如二氧化碳进入井筒或地层后在温度超过31℃就必然汽化，使得泡沫压裂液发泡膨胀。在泡沫压裂设计时必须考虑这一特点。

采用目前比较先进的压裂优化设计软件——Stimplan压裂设计软件，研究了水基压裂和二氧化碳泡沫压裂两种不同情况下的裂缝几何尺寸的关系，模拟的条件是：加砂量20m$^3$、砂液比25%、前置液百分比40%、有效厚度12m、应力差6.7MPa。模拟结果见表4-15，其裂缝延伸图如图4-15和图4-16所示。

表4-15 两种不同情况下的裂缝几何尺寸表

| 动态半缝长（m） | 支撑半缝长（m） | 动态缝高（m） | 平均动态缝宽（mm） | 铺砂浓度（kg/m$^2$） | 所用压裂液体系 |
|---|---|---|---|---|---|
| 192 | 170 | 31.6 | 8.1 | 5.4 | 水基压裂液 |
| 220 | 190 | 32.6 | 8.4 | 4.9 | 70%二氧化碳泡沫压裂液 |

从表4-15中可知，采用水基压裂的裂缝几何尺寸小于二氧化碳泡沫压裂的裂缝几何尺寸，但由于压裂液体积在裂缝中膨胀，在同样条件下的铺置浓度较低。

根据上述结论，利用Stimplan压裂设计软件，模拟了不同规模下二氧化碳泡沫压裂的裂缝几何尺寸（表4-16）。

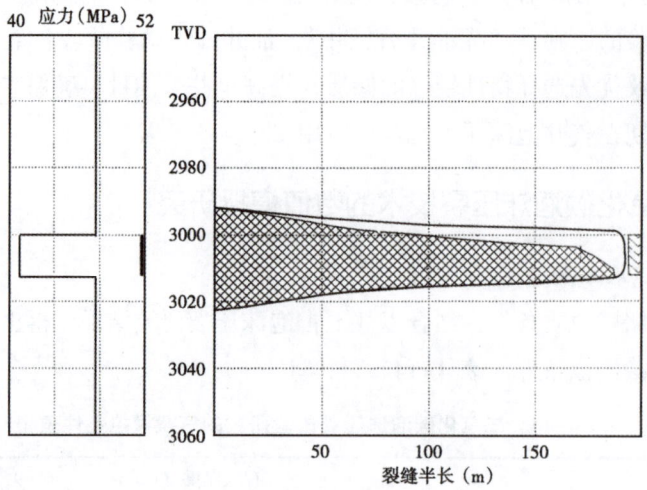

图 4-15 水基压裂裂缝延伸示意图

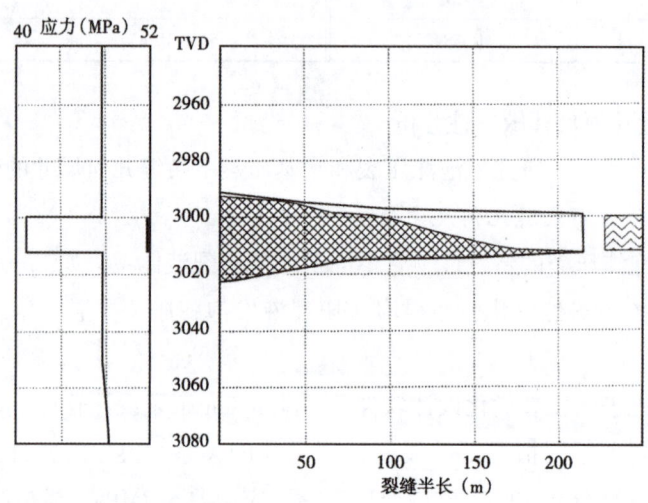

图 4-16 泡沫压裂裂缝延伸示意图

表 4-16 气井二氧化碳泡沫压裂规模与缝长的关系表

| 砂量<br>($m^3$) | 动态半缝长<br>(m) | 支撑半缝长<br>(m) | 缝高<br>(m) | 缝宽<br>(in) | 铺砂浓度<br>($kg/m^2$) | 导流能力<br>(D·cm) |
|---|---|---|---|---|---|---|
| 10 | 125 | 100 | 27 | 0.33 | 4.40 | 17.10 |
| 15 | 160 | 130 | 32 | 0.34 | 4.89 | 17.71 |
| 20 | 184 | 155 | 37 | 0.35 | 5.38 | 19.08 |
| 30 | 230 | 200 | 42 | 0.35 | 6.35 | 23.47 |
| 40 | 280 | 250 | 48 | 0.36 | 7.33 | 27.90 |
| 50 | 340 | 300 | 52 | 0.35 | 8.31 | 29.88 |

从表 4-16 中可知，当砂量由 10m³ 增加到 50m³，动态半缝长从 125m 增加到 340m，支撑半缝长从 100m 增加到 300m，铺砂浓度相应增加。因此，增加施工规模有利于提高裂缝导流能力，从而有利于提高气井产能。

2. 不同射孔情况下裂缝几何尺寸分析

射孔段不同，裂缝延伸不同，导致其裂缝几何尺寸也不同。表 4-17 显示了加砂量 40m³、砂液比 25%、前置液百分比 46.7%时，不同射孔情况与裂缝几何尺寸的关系。

表 4-17　不同射孔情况与裂缝几何尺寸的关系表

| 射孔情况 | 裂缝形态 | 动态半缝长（m） | 支撑半缝长（m） | 缝高（m） | 缝宽（mm） |
| --- | --- | --- | --- | --- | --- |
| 射 1 段 | 单缝 | 258 | 228 | 23.4 | 6.0 |
| 射 2 段 | 上缝 | 174 | 159 | 22.0 | 4.5 |
|  | 下缝 | 183 | 170 | 26.7 | 5.0 |

从表 4-17 可以看出，只射 1 段和射 2 段的裂缝几何尺寸是明显不同的。只射 1 段，裂缝长度较长，缝高延伸较小，裂缝宽度较大（图 4-17）。

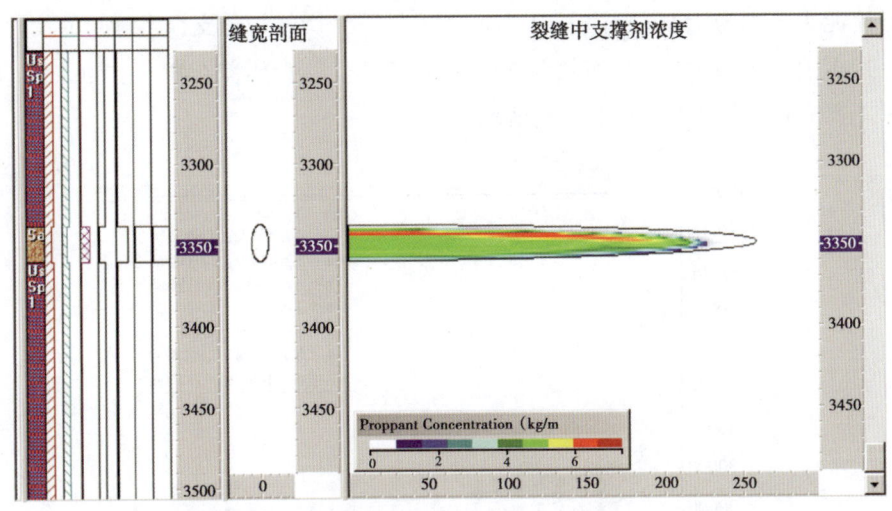

图 4-17　单射 1 段时裂缝延伸情况示意图（射孔段：3344~3354m）

而射 2 段时出现两条裂缝，裂缝长度大大减小，缝宽也变小（图 4-18）。同时，排量根据射孔数分配，使得每段的排量变小，影响施工成功率。因此，对于低渗透气井来说，要增加裂缝长度，尽量减少射孔段以达到深穿透的目的。

**（三）气藏模拟研究结果**

根据气藏的地质特征和泡沫压裂改造的要求，本次气藏模拟主要包括不同压裂液体系、不同裂缝长度、不同裂缝导流能力、不同渗透率等方面对压裂后产量的影响。

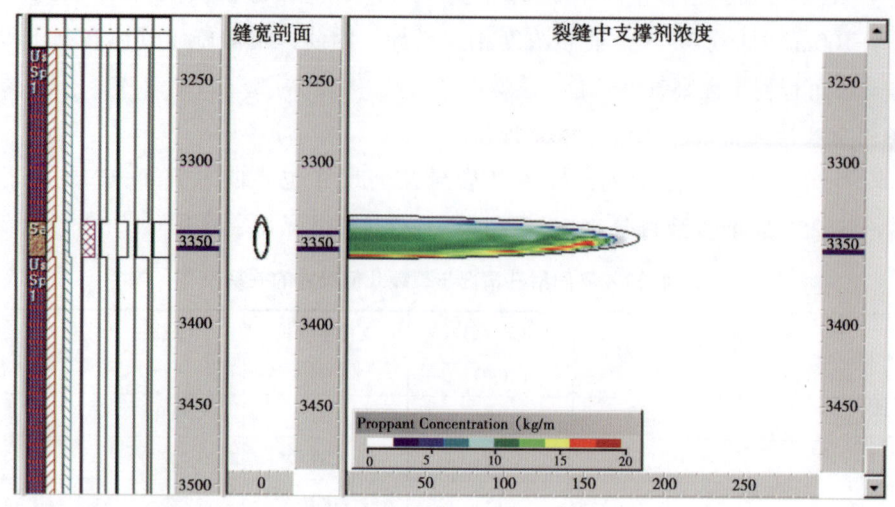

图 4-18　射 2 段时裂缝延伸情况示意图（射孔段：3343~3346m；3353~3357m）

1. 不同支撑半缝长条件下的产气量变化情况

图 4-19 至图 4-22 是在有效厚度 12m，有效渗透率分别为 0.15mD、0.5mD，生产压差 6MPa，导流能力分别为 15D·cm、30D·cm 的条件下，产气量随支撑半缝长的变化情况。

图 4-19 是在有效厚度 12m、有效渗透率为 0.15mD、生产压差 6MPa、导流能力 15D·cm 的条件下，产气量随支撑半缝长的变化情况。

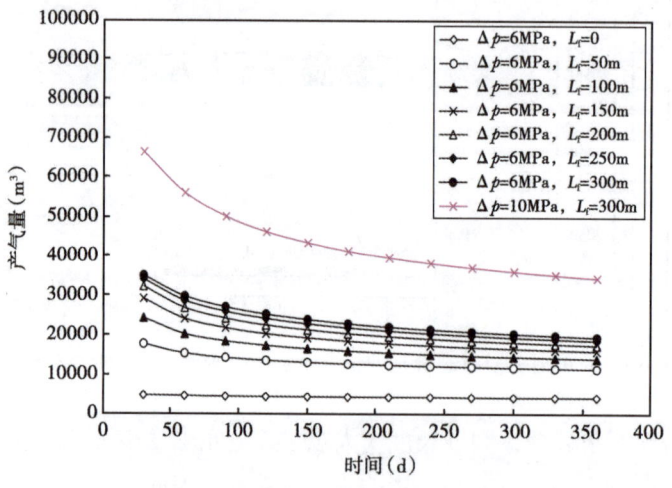

图 4-19　不同支撑半缝长条件下的产量变化情况（$K=0.15$mD）

从图 4-19 中能看出，不压裂时，12 个月（1 年）平均产气量只有 $0.4\times10^4\text{m}^3/\text{d}$；支撑半缝长 50m，压裂后 12 个月平均产气量 $1.3\times10^4\text{m}^3/\text{d}$，增产倍比为 3.25；同理，在支撑半缝长分别为 100m、150m、200m、250m、300m 时，压裂后 12 个月平均产气量分别为 $1.7\times10^4\text{m}^3/\text{d}$、$1.9\times10^4\text{m}^3/\text{d}$、$2.1\times10^4\text{m}^3/\text{d}$、$2.3\times10^4\text{m}^3/\text{d}$、$2.4\times10^4\text{m}^3/\text{d}$，增产倍比分别为

4.25、4.75、5.25、5.75、6，增加幅度逐渐减小。由此说明：当厚度和有效渗透率一定时，增加支撑半缝长，平均产气量有一定程度的提高，增产倍比相应增加。

图4-20是在有效厚度12m、有效渗透率为0.5mD、生产压差6MPa、导流能力15D·cm的条件下，产气量随支撑半缝长的变化情况。从图4-20中可以看出，不压裂时，12个月（1年）平均产气量只有$1.3×10^4 m^3/d$；支撑半缝长50m，压裂后12个月平均产气量$3.1×10^4 m^3/d$，增产倍比为2.4；同理，在支撑半缝长分别为100m、150m时，压裂后12个月平均产气量分别为$3.5×10^4 m^3/d$、$3.7×10^4 m^3/d$，增产倍比分别为2.7、2.8。随着支撑半缝长的增加，产气量的增加幅度逐渐减小。

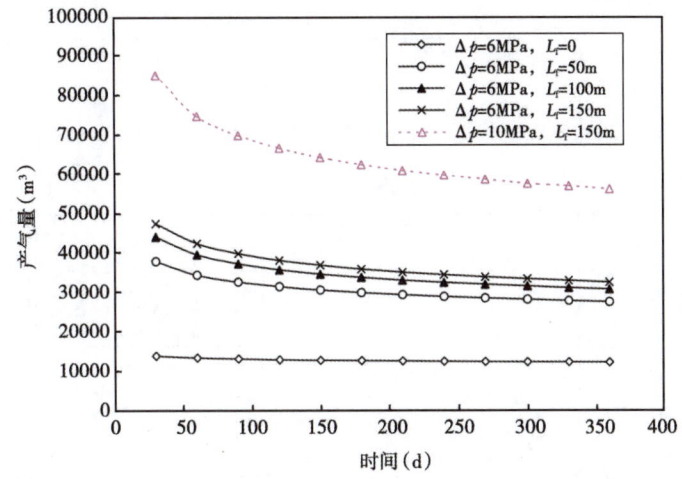

图4-20 不同支撑半缝长条件下的产量变化情况（$K=0.5mD$）

图4-21和图4-22是在有效厚度12m，生产压差6MPa，导流能力$30\mu m^2·cm$，有效渗透率分别为0.15mD和0.5mD条件下，产气量随支撑半缝长的变化情况。其产气量增加的规律与图4-20和图4-21相似。

从以上规律可知，压裂后产气量随支撑半缝长的增加而增加。随着支撑半缝长的增加，产气量增加的幅度逐渐减少。因此，施工规模不是越大越好，应以能造出最佳支撑半缝长时为佳。

2. 不同导流能力情况下产气量变化情况

图4-19和图4-21是有效渗透率为0.15mD、生产压差6MPa，导流能力分别为15D·cm、30D·cm的条件下的产量变化情况。若支撑半缝长为200m、导流能力15D·cm时，压裂后1个月平均产气量为$3.2×10^4 m^3/d$，压裂后12个月平均产气量为$2.1×10^4 m^3/d$；导流能力为30D·cm时，压裂后1个月平均产气量为$4.0×10^4 m^3/d$，压裂后12个月平均产气量为$2.5×10^4 m^3/d$。压裂初期产气量的增加幅度较大，但后期增加幅度逐步减小。

图4-20和图4-22是有效渗透率为0.5mD、生产压差6MPa，导流能力分别为15D·cm、30D·cm的条件下的产量变化情况。若支撑半缝长为150m，导流能力15D·cm时，压裂后

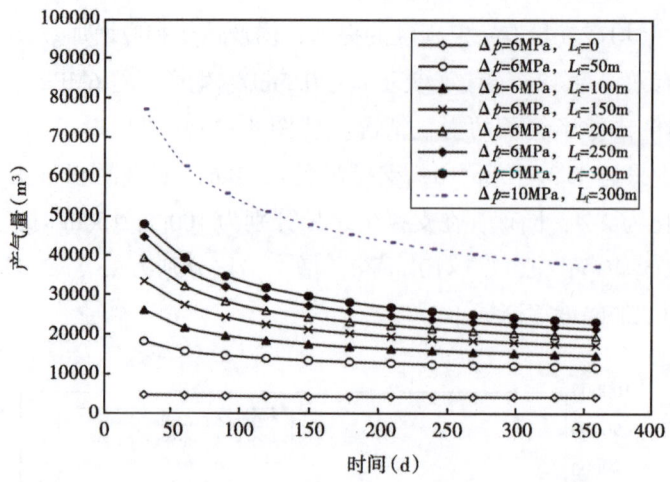

图4-21 不同支撑半缝长条件下的产量变化情况（$K=0.15mD$）

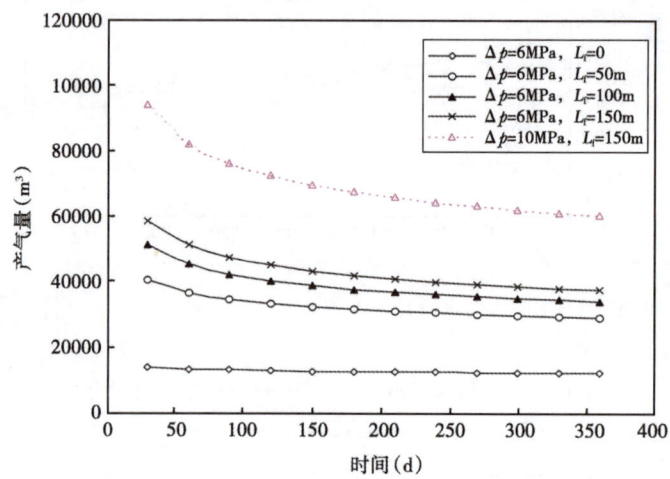

图4-22 不同支撑半缝长条件下的产量变化情况（$K=0.5mD$）

1个月平均产气量为$4.8×10^4m^3/d$，压裂后12个月平均产气量为$3.7×10^4m^3/d$；导流能力为$30D·cm$时，压裂后1个月平均产气量为$5.9×10^4m^3/d$，压裂后12个月平均产气量为$4.3×10^4m^3/d$。压裂初期产气量的增加幅度较大，但后期增加幅度逐步减小。

由此可知，随着导流能力的增加，产气量也相应增加，且在压裂初期的增加幅度较大，但压裂后期增加幅度逐步减小。对于气井压裂，由于闭合压力较大，选择陶粒作为支撑剂才能满足压裂对裂缝导流能力的要求。

3. 不同渗透率条件下的产气量变化情况

图4-19和图4-20是导流能力为$15D·cm$，生产压差6MPa，有效渗透率分别为$0.15mD$、$0.5mD$的条件下的产量变化情况。若支撑半缝长为150m，有效渗透率为0.15mD时，压裂后1个月平均产气量为$2.9×10^4m^3/d$，压裂后12个月平均产气量为$1.9×10^4m^3/d$；

有效渗透率为 0.5mD 时，压裂后 1 个月平均产气量为 $4.8×10^4m^3/d$，压裂后 12 个月平均产气量为 $3.7×10^4m^3/d$。

图 4-21 和图 4-22 是导流能力为 30D·cm，生产压差 6MPa，有效渗透率分别为 0.15mD、0.5mD 的条件下产量变化情况。若支撑半缝长为 150m，有效渗透率为 0.15mD 时，压裂后 1 个月平均产气量为 $3.3×10^4m^3/d$，压裂后 12 个月平均产气量为 $2.2×10^4m^3/d$；有效渗透率为 0.5mD 时，压裂后 1 个月平均产气量为 $5.9×10^4m^3/d$，压裂后 12 个月平均产气量为 $4.3×10^4m^3/d$。

由此可知，压裂后初期产气量随渗透率增加而增加，且增加的幅度较大。但在后期变化幅度逐步变小。因此，压裂改造时，在生产压差、有效渗透率和有效厚度一定的情况下，有效渗透率太低将导致压裂后也不能达到工业开采价值；反之，渗透率增加，则增产明显。故本次二氧化碳泡沫压裂试验，应该优先选择渗透率较高、物性较好的井压裂，待试验成功后再推广。

**4. 不同压差条件下的产气量变化情况**

图 4-19 至图 4-22 中还显示了是支撑半缝长分别为 300m、150m，地层有效渗透率分别为 0.15mD、0.5mD，有效厚度 12m，生产压差分别为 6MPa、10MPa 下的，日产气量随生产时间变化情况。随着生产压差的增加（许可条件之下），日产气量相应增加。可见，当其他条件不变的情况下，适当提高生产压差，也是提高单井采气量的一种手段。

**5. 不同压裂液条件下的产气量变化情况**

据文献调研结果表明，水基压裂液对裂缝导流能力的保持率为 10%~50%，对地层渗透率的保持率为 40% 左右，泡沫质量大于 70% 的泡沫压裂液对裂缝导流能力的保持率为 80%~90%，对地层渗透率的保持率为 90% 左右。但二氧化碳泡沫压裂液（比例 1:1）由于水基压裂液体积较大，对裂缝导流能力的保持率比泡沫质量大于 70% 的泡沫压裂液低，腾飞陶粒在 40MPa 下的导流能力为 74.63D·cm，结合裂缝模拟结果，水基压裂液的裂缝导流能力保持在 15D·cm（支撑剂铺砂浓度 $5kg/m^2$），二氧化碳泡沫压裂液的裂缝导流能力为 30D·cm，因此，图 4-23 反映了不同压裂液的压后产量变化情况。

图 4-23 是根据典型井 S36 井的储层条件，模拟了优化后的水基压裂液和二氧化碳泡沫压裂液对储层和导流能力的影响。其储层有效渗透率为 0.36mD，水基压裂后的有效渗透率为 0.15mD，泡沫压裂后的有效渗透率为 0.32mD；根据陶粒的导流能力，水基压裂和二氧化碳泡沫压裂后的裂缝导流能力分别为 30D·cm、75D·cm。支撑半缝长 300m，生产压差 10MPa。两种压裂液压裂 30d 的日产气量分别为 $2.2×10^4m^3/d$、$4.1×10^4m^3/d$，其趋势与前面不同裂缝导流能力下产量变化情况类似。

显然，采用二氧化碳泡沫压裂比常规水基压裂能够更多地返排残余压裂液，减少压裂液对地层和裂缝导流能力的伤害，有利于提高压裂后的产量。

**6. 不同厚度条件下的产气量变化情况**

图 4-24 是支撑半缝长 300m、地层有效渗透率 0.15mD、生产压差 6MPa、导流能力 30D·cm

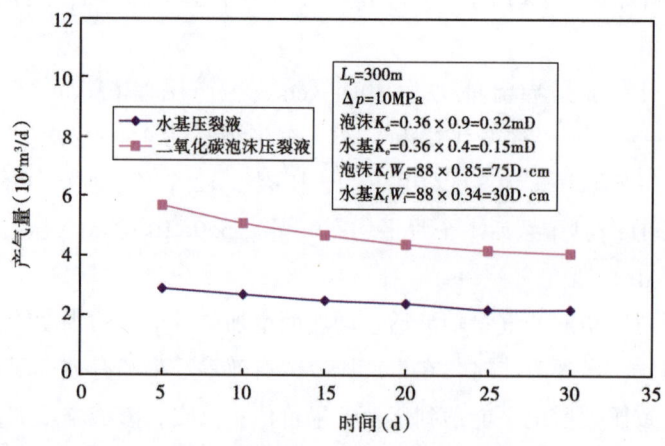

图 4-23　不同压裂液下产量变化情况（S36 井）

条件下，不同有效厚度下日产气量随生产时间变化情况。由图 4-24 可知，随着有效厚度的增加，日产气量也相应增加。当有效厚度大于 18m 时，压裂后 1 年平均日产气量才能达到或超过 $4\times10^4 \mathrm{m}^3/\mathrm{d}$。

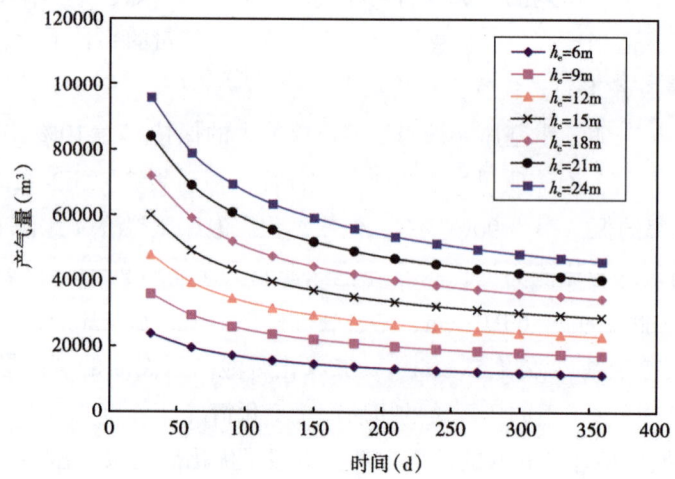

图 4-24　不同厚度条件下的产量变化情况（$K=0.15\mathrm{mD}$）

图 4-25 是支撑半缝长 150m、地层有效渗透率 0.5mD、生产压差 6MPa、导流能力 30D·cm 条件下，不同有效厚度下日产气量随生产时间变化情况。当有效厚度大于 12m 时，压裂后 1 年平均日产气量才能达到或超过 $4\times10^4\mathrm{m}^3/\mathrm{d}$。

一般情况下，随着有效厚度增加，压裂后增产气量相应增加。另外，从图中可看出，即使地层有效渗透率（$K_e$）较低，在增产挖潜过程中，如果能使有效厚度适当增加，也能使这类气藏成为具有工业开采价值的气藏。因此，在生产压差和有效渗透率一定的情况下，选择对有效厚度较大的气藏进行压裂，是提高单井产气量的有效途径之一。

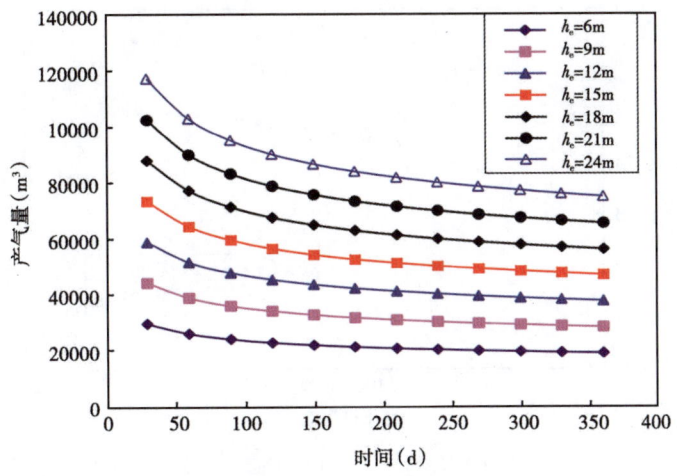

图 4-25 不同厚度条件下的产量变化情况（$K=0.5$ mD）

**（四）气层物性与水力压裂缝长的匹配关系**

根据气层特点和模拟结果，进行了支撑半缝长的优化研究，缝长与不同渗透率的关系如图 4-26 和图 4-27 所示。

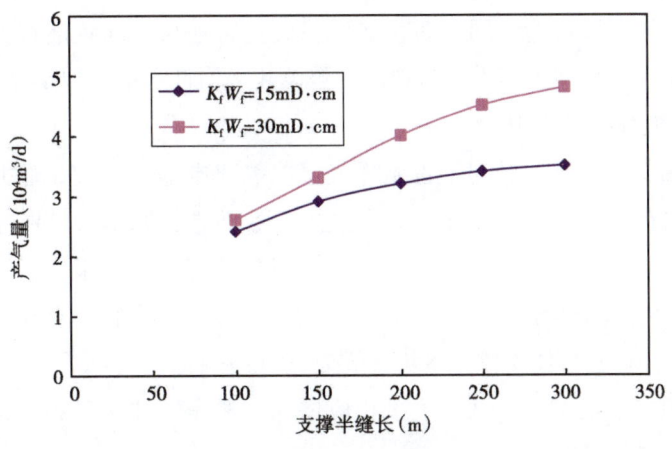

图 4-26 气井支撑半缝长优化示意图（$K=0.15$ mD）

从图 4-26 中可以看出，当地层平均有效渗透率为 0.15mD 时，压裂后产量随支撑半缝长的增加而增加；但当支撑半缝长超过了 300m 后，产量增加的幅度逐渐变小。

同理，当地层平均有效渗透率为 0.5mD 时，压裂后产量随支撑半缝长的增加而增加；但当支撑半缝长超过了 200m 后，产量增加的幅度明显变小。

结合 Elkins 理论曲线，得出上古生界气层的气藏物性与水力压裂的匹配关系（表 4-18）。

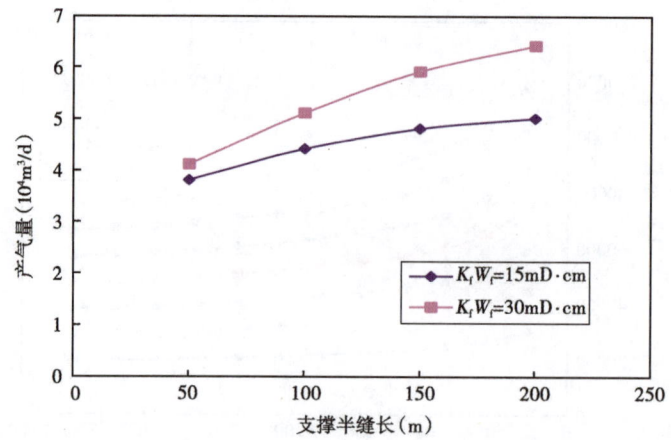

图 4-27 气井支撑半缝长优化示意图（$K=0.5$mD）

表 4-18 气藏物性与水力泡沫压裂的匹配关系表

| 平均有效渗透率（mD） | 有效厚度（m） | 支撑半缝长（m） | 加砂量（m³） |
| --- | --- | --- | --- |
| 0.15 | 12 | >300 | >30 |
| 0.5 | 9 | 150~200 | 20~30 |

为了保证泡沫压裂液造缝，同时防止液体滤失伤害地层，前置液百分比应控制在40%左右。通过优化泡沫压裂施工，力争压裂后一年单井平均日产量达到 $4×10^4 m^3/d$。

**（五）气藏模拟分析与认识**

（1）根据气藏模拟结果，针对上古生界气层二氧化碳泡沫压裂试验井的情况，平均有效厚度12m，平均有效渗透率0.15mD，经过泡沫压裂改造，基本可以具有工业开采价值。

（2）在现有的地质条件下，根据水力裂缝模拟和经济优化结果，对于储层平均有效渗透率0.5mD的情况，裂缝最佳支撑半缝长一般为150~200m为宜；对于储层平均有效渗透率0.15mD的情况，裂缝最佳支撑半缝长一般为300m左右为宜。

（3）随着导流能力的增加，其产气量相应增加。考虑气井深度和闭合压力，选择陶粒作为气井压裂支撑剂是经济可行的。

（4）采用二氧化碳泡沫压裂比常规水基压裂可以更多地返排残余压裂液，减少对裂缝导流能力和地层的伤害，有利于提高压后产量。但在压裂后期，两种压裂的压裂后产量非常接近。

（5）对有效渗透率一定的储层，增加有效厚度，其压后产量也相应增加。鉴于本次二氧化碳压裂的试验性质，建议优先选择物性较好的储层，以期提高单井产气量。

## 第三节　二氧化碳泡沫压裂技术的工程条件分析

上古生界气藏二氧化碳泡沫压裂是一项新工艺试验，由于组织了多个单位协作配合，试验工程参数不仅要尽可能满足油气藏改造的要求,而且要充分考虑设备条件及工程技术条件的可操作性。特别是在试验初期,研究二氧化碳泡沫压裂工程条件,在现有的条件下,尽可能发挥二氧化碳泡沫压裂的特点,提高二氧化碳泡沫压裂的技术水平,有利于高效、合理地开发上古低渗透气藏。

## 一、泡沫质量为53%的加砂规模情况分析

此种情况是指一般情况,即压裂液不加温,也没有砂浓缩器。为了保证施工成功,必须考虑水基压裂液的携砂能力以及发泡条件,不能提高二氧化碳的比例(即泡沫质量),按水基压裂液和二氧化碳的体积比为1:1(泡沫质量53%)左右考虑,有以下两种情况。

### (一) 90m³ 液态二氧化碳加砂能力分析

当时国内只有一支压裂队装备有二氧化碳运输车,且其最大运输能力为90m³,可用二氧化碳液量为70m³。按水基压裂液和二氧化碳的体积比为1:1(泡沫质量53%)考虑,前置液百分比分别为35%、25%,则不同砂液比情况下的加砂能力分析见表4-19。

表4-19 不同砂液比情况下的预算加砂能力分析表

| 溶胶平均砂比 (%) | 混合液平均砂比 (%) | 加砂量 (m³) | |
|---|---|---|---|
| | | 前置液百分比为35%时 | 前置液百分比为25%时 |
| 20 | 10 | 9.1 | 10.5 |
| 30 | 15 | 13.7 | 15.8 |
| 40 | 20 | 18.2 | 21.0 |
| 50 | 25 | 22.8 | 26.3 |

从表4-19中可以看出,溶胶平均砂比最大50%,而混合液平均砂比只有25%,即使前置液百分比为25%,最大加砂能力只有26.3m³。然而,溶胶的携砂能力要满足平均砂比为50%的压裂工艺的要求会有较大难度。一般考虑溶胶平均砂比为40%的情况,而其最大加砂能力只有21.0m³。显然,在这种条件下,施工规模与改造要求有一定差距。

### (二) 125m³ 液态二氧化碳加砂能力分析

因该压裂团队二氧化碳运输车的最大运输能力仅为90m³,还考虑了当时陕西的二氧化碳运输车的最大运输能力为35m³,故总最大运输能力为125m³,那么,可用二氧化碳液量为100m³。按水基压裂液和二氧化碳的体积比为1:1(泡沫质量53%)考虑,前置液百分比分别为35%、25%,则不同砂液比情况下的加砂能力分析见表4-20。

从表4-20中可以看出,溶胶平均砂比最大50%,而混合液平均砂比只有25%,即使前置液百分比为25%,最大加砂能力也有37.5m³。然而,溶胶的携砂能力要满足平均砂比为50%的压裂工艺的要求会有较大难度。一般考虑溶胶平均砂比为40%的情况,而其最大加砂能力达到30.0m³。显然,在这种条件下,施工规模可以满足上古气层的改造要求。

表 4-20　不同砂液比情况下的预算加砂能力分析表

| 溶胶平均砂比（%） | 混合液平均砂比（%） | 加砂量（m³） | |
|---|---|---|---|
| | | 前置液百分比为35%时 | 前置液百分比为25%时 |
| 20 | 10 | 13.0 | 15.0 |
| 30 | 15 | 19.5 | 22.5 |
| 40 | 20 | 26.0 | 30.0 |
| 50 | 25 | 32.5 | 37.5 |

## 二、泡沫质量为70%的加砂规模情况分析

此种情况属于特殊情况，即指压裂液加温，有砂浓缩器，同时增加二氧化碳的运输能力的情况。这种情况下，由于二氧化碳可以发泡，按水基压裂液和二氧化碳的体积比为1:2（泡沫质量70%）考虑，有以下两种情况。

### （一）125m³ 液态二氧化碳加砂能力分析

按照二氧化碳的最大运输能力为125m³、可用二氧化碳液量为100m³来分析。按水基压裂液和二氧化碳的体积比为1:2（泡沫质量70%）考虑，前置液百分比分别为35%、25%，则不同砂比情况下的加砂能力分析见表4-21。

表 4-21　不同砂比情况下的预算加砂能力分析表

| 平均砂比（%） | | 加砂量（m³） | |
|---|---|---|---|
| 溶胶 | 混合液 | 前置液百分比为35%时 | 前置液百分比为25%时 |
| 40 | 13.3 | 13.0 | 15.0 |
| 60 | 20 | 19.5 | 22.5 |
| 80 | 26.7 | 26.0 | 30.0 |
| 100 | 33.3 | 32.5 | 37.5 |

从表4-21中可以看出，溶胶平均砂比最高为100%，而混合液平均砂比为33.3%，前置液百分比为25%，最大加砂能力为37.5m³。然而，溶胶的携砂能力要满足平均砂比为100%的压裂工艺的要求会有较大难度。一般考虑溶胶平均砂比为80%的情况，而其最大加砂能力可达30m³。显然，在这种条件下，施工规模可以满足上古储层改造要求。

### （二）150m³ 液态二氧化碳加砂能力分析

若二氧化碳的最大运输能力增加至150m³，可用二氧化碳液量为120m³。按水基压裂液和二氧化碳的体积比为1:2（泡沫质量70%）考虑，前置液百分比分别为35%、25%，则不同砂比情况下的加砂能力分析见表4-22。

表 4-22　不同砂比情况下的预算加砂能力分析

| 平均砂比（%） | | 加砂量（m³） | |
|---|---|---|---|
| 溶胶 | 混合液 | 前置液百分比为35%时 | 前置液百分比为25%时 |
| 40 | 13.3 | 25.6 | 18.0 |
| 60 | 20 | 23.4 | 27.0 |
| 80 | 26.7 | 31.2 | 36.0 |
| 100 | 33.3 | 39.0 | 45.0 |

从表 4-22 中可以看出，溶胶平均砂比最大为 100%，而混合液平均砂比为 33.3%，前置液百分比为 25%，最大加砂能力 45.0m³。一般考虑溶胶平均砂比为 80% 的情况，其最大加砂能力可达 36m³。显然，在这种条件下，施工规模可以满足上古储层改造要求。

### 三、二氧化碳泡沫压裂技术的工程条件综合分析

综合分析上述 4 种情况，结合二氧化碳泡沫压裂考察和文献调研结果，认为二氧化碳泡沫压裂井口不加温，一般水温大于 12℃ 即可正常施工；也不需要砂浓缩器系统，但必须充分发挥混砂车的携砂能力以提高施工排量；采用与二氧化碳相配伍的酸性压裂液体系，可以适当提高施工砂液比。只要能适当增加二氧化碳的运输能力，在设计中优化二氧化碳的比例，精细施工，可达到预期目的。

## 第四节　二氧化碳泡沫压裂方案优化设计

### 一、二氧化碳泡沫压裂施工基本方案

通过大量室内研究和模拟计算分析，深化了对二氧化碳泡沫压裂的特点和规律的认识。根据二氧化碳泡沫压裂的室内研究结果，结合二氧化碳压裂的施工设备和工程条件，确定了二氧化碳泡沫压裂施工方案。

#### （一）压裂施工方案 1

基本条件：压裂液体系为酸性交联冻胶+二氧化碳，交联冻胶和二氧化碳比例为 1:1，地面不加温发泡，经 $2\frac{1}{2}$in 油管和 $3\frac{1}{2}$in 油管组合泵入，其施工参数指标如下：

泡沫质量：53%；

稠化剂浓度：油井 0.55%~0.6%，气井 0.7%~0.75%；

泵注排量：油井 2.5~3.5m³/min，气井 2.0~3.0m³/min；

加砂量：油井 20~25m³，气井 15~20m³。

#### （二）压裂施工方案 2

基本条件：压裂液体系为酸性交联冻胶+二氧化碳，交联冻胶和二氧化碳比例为 1:2，地面

加温30℃，使用砂浓缩器，经2½in油管和3½in油管组合泵入，其施工参数指标如下：

泡沫质量：70%；

稠化剂浓度：油井0.55%~0.6%，气井0.7%~0.75%；

泵注排量：油井2.5~3.5m³/min，气井2.0~3.0m³/min；

加砂量：油井25~30m³，气井20~25m³。

**（三）压裂施工方案3**

基本条件：压裂液体系为酸性交联冻胶+二氧化碳，交联冻胶和二氧化碳比例为1:2，地面加温30℃，使用砂浓缩器，经3½in油管或5½in套管泵入，其施工参数指标如下：

泡沫质量：70%；

稠化剂浓度：油井0.55%~0.6%，气井0.7%~0.75%；

泵注排量：油井3.0~3.5m³/min，气井>3.0m³/min；

加砂量：油井30m³左右，气井>30m³。

**（四）压裂施工方案4**

基本条件：压裂液体系为线性胶+二氧化碳，其比例为1:1，地面不加温发泡，不使用砂浓缩器，经2½in油管泵入，其施工参数指标如下：

泡沫质量：53%；

稠化剂浓度：0.7%；

泵注排量：油井3.0~3.5m³/min；气井2.5~3.0m³/min；

加砂量：油井10~15m³；气井5~10m³。

**（五）方案综合对比分析**

将上述四种压裂方案综合对比见表4-23。

表4-23 压裂施工方案对比表

| | 项目 | 方案Ⅰ | | 方案Ⅱ | | 方案Ⅲ | | 方案Ⅳ | |
|---|---|---|---|---|---|---|---|---|---|
| | | 油井 | 气井 | 油井 | 气井 | 油井 | 气井 | 油井 | 气井 |
| 条件 | 压裂液体系 | 酸性交联冻胶+二氧化碳 | | 酸性交联冻胶+二氧化碳 | | 酸性交联冻胶+二氧化碳 | | 线性胶+二氧化碳 | |
| | 冻胶:二氧化碳 | 1:1 | | 1:2 | | 1:2 | | 1:1 | |
| | 加温与否 | 否 | | 加 | | 加 | | 否 | |
| | 压裂管柱 | 油井：2½in油管<br>气井：3½in油管 | | 油井：2½in油管<br>气井：3½in油管 | | 3½in油管<br>（5½in套管） | | 2½in油管 | |
| 参数 | 泡沫质量（%） | 53 | | 70 | | 70 | | 53 | |
| | 稠化剂浓度（%） | 0.55~0.6 | 0.7~0.75 | 0.55~0.6 | 0.7~0.75 | 0.55~0.6 | 0.7~0.75 | 0.7 | 0.7 |
| | 泵注排量（m³/min） | 2.5~3.5 | 2.0~3.0 | 2.5~3.5 | 2.0~3.0 | 3.0~3.5 | >3.0 | 3.0~3.5 | 2.5~3.0 |
| | 加砂量（m³） | 20~25 | 15~20 | 20~30 | 20~25 | 30 | >30 | 10~15 | 5~10 |

结合压裂设备和施工条件综合对比分析，结论如下：对厚度中等以下，上、下隔层遮挡能力相对较弱的储层，需进行中、小规模压裂的压裂层段，推荐方案Ⅰ、方案Ⅱ；对厚度相对较大，上、下隔层遮挡能力相对较好的储层，需进行大规模压裂的压裂层段，推荐方案Ⅲ。

## 二、二氧化碳泡沫压裂试验基本原则

二氧化碳泡沫压裂工艺方案充分考虑了地层条件对二氧化碳泡沫压裂的改造要求，同时提高了国内二氧化碳泡沫压裂技术水平。二氧化碳泡沫压裂本次工艺试验原则：

(1) 施工规模"先小后大"。

即先在小规模压裂施工成功的基础上，逐步完善设备条件，提高工艺技术，为大规模压裂施工创造条件。

(2) 施工参数"先低后高"。

为了逐步认识二氧化碳泡沫压裂技术特点，及时发现和解决二氧化碳泡沫压裂出现的问题，在施工前期采用较低的施工参数（如砂液比、排量等）。在认识和掌握压裂液性能和施工压力变化规律的基础上，提高压裂施工参数和缝导流能力，从而提高工艺技术水平。

(3) 施工井别"先油后气"。

本次试验中，油藏埋深为1800m左右，而气藏埋深为3000m左右。二氧化碳泡沫压裂的施工井别采取"先油后气"，目的是认识二氧化碳泡沫压裂在低渗透油层的适应性，待工艺技术在深度较浅的油井上获得成功后，再向深度较深的气井进一步推广应用，为气藏二氧化碳泡沫压裂成功并获得较好的压裂效果创造条件。

## 三、二氧化碳泡沫压裂设计基本施工参数

(1) 施工方式：油井：$2\frac{1}{2}$in 油管+封隔器；气井：$3\frac{1}{2}$in 油管+封隔器。

(2) 施工排量：油井：$3.0 \sim 3.5 m^3/min$；气井：$2.5 \sim 3.0 m^3/min$。

(3) 砂液比：无砂比浓缩器：20%；使用砂比浓缩器：30%~40%（油井：40%，气井：35%）。

(4) 前置液：25%~35%，（油井：25%，气井：35%）。

(5) 泡沫质量：52%~53%，不加温，油井泡沫质量恒定，气井采用变泡沫质量；

(6) 泵注程序：洗井→封隔器座封→前置液→携砂液→顶替液。

(7) 压裂液：瓜尔胶+酸性交联压裂液体系。

(8) 支撑剂：油井：石英砂，20~40目；气井：中密度陶粒，20~40目。

(9) 井口装置、地面管线及压裂井口承压：气井80MPa，油井60MPa。

## 四、典型井二氧化碳泡沫压裂施工设计

### (一) 油藏典型井——L91-29井

**1. 基础参数**

目的层基本数据见表4-24。

表4-24 气层测井解释结果表

| 层位 | 井段 (m) | h (m) | $R_t$ ($\Omega \cdot m$) | $\Delta T$ ($\mu s/m$) | K (mD) | $\phi$ (%) | $S_w$ (%) | 解释结果 |
|---|---|---|---|---|---|---|---|---|
| 长$6_2^1$ | 1875.0~1877.0 | 2.0 | 16.8 | 232.91 | 3.63 | 12.26 | 48.04 | 油层 |
| 长$6_2^1$ | 1877.6~1879.9 | 2.3 | 24.2 | 230.26 | 4.45 | 11.89 | 41.11 | 油层 |
| 长$6_2^1$ | 1880.6~1884.5 | 3.9 | 17.7 | 239.91 | 6.25 | 13.22 | 44.11 | 油层 |
| 长$6_2^1$ | 1884.9~1891.5 | 6.6 | 15.5 | 240.93 | 6.07 | 13.36 | 45.82 | 油层 |

**2. 射孔方案**

射孔方案参数见表4-25。要求射孔前用118通井规通井,实探人工井底;洗井至进出口水色一致,射孔液采用加有防膨剂等添加剂的活性水。

表4-25 射孔参数表

| 射孔井段 (m) | 厚度 (m) | 弹型 | 孔密 (孔/m) |
|---|---|---|---|
| 1881.0~1883.0 | 2.0 | SYD-127 | 16 |
| 1885.0~1888.0 | 3.0 | SYD-127 | 16 |

**3. 压裂施工参数**

施工总液量:164.1$m^3$(其中冻溶86.3$m^3$,液体二氧化碳77.8$m^3$)。

施工排量:3.0~3.1$m^3$/min。

施工砂比:冻胶平均砂比50%;混合液(冻胶+二氧化碳)平均砂比25%。

施工加砂量:27.3$m^3$。

利用专门的压裂设计软件进行了裂缝参数模拟优化,具体设计结果见表4-26。

表4-26 压裂裂缝参数模拟结果表

| 压裂井段 (m) | 加砂量 ($m^3$) | 前置液 ($m^3$) | 携砂液 ($m^3$) | 水力缝长 (m) | 支撑半缝长 (m) |
|---|---|---|---|---|---|
| 1870~1900 | 27.3 | 38.0 | 112.0 | 176.0 | 155.0 |

**4. 压裂施工方式及要求**

压裂方式:封隔器保护套管,液体二氧化碳与冻胶在地面三通汇合后经$\phi$73mm油管注入,环空打平衡压力(根据油管压力变化)。

# 第四章 二氧化碳泡沫压裂优化设计

压裂液：AC-8 酸性交联羟丙基瓜尔胶冻胶+二氧化碳。

支撑剂：采用 0.5~0.8mm 兰州石英砂。

安装 KQ-600 井口，施工限压：60.0MPa。

5. 加砂泵注程序

加砂压裂施工泵注程序见表 4-27。

表 4-27 加砂压裂施工泵注程序表

| 程序 | 施工液量（m³） | | | | 施工排量（m³/min） | | | | 砂比（%） | | 砂量（m³） | 泵注时间（min） |
|---|---|---|---|---|---|---|---|---|---|---|---|---|
| | 纯液量 | 胶液 | 二氧化碳 | 混砂液 | 混砂 | 二氧化碳 | 交联剂 | 起泡剂 | 冻胶 | 混合液 | | |
| 低替液 | 5.0 | 5.0 | | | 0.5 | | (L/min) | | | | | 10.0 |
| 坐封 | 2.5 | 2.0 | | | 1.7 | | | | | | | 1.5 |
| 前置液 | 38.0 | 19.0 | 19.0 | | 1.5 | 1.5 | | | | | | 12.7 |
| 携砂液 | 13.9 | 7.0 | 6.9 | 8.3 | 1.7 | 1.4 | 20.4 | 13.6 | 30 | 15 | 2.1 | 4.9 |
| | 26.3 | 13.0 | 13.3 | 16.1 | 1.7 | 1.4 | | | 40 | 20 | 5.2 | 9.5 |
| | 37.9 | 19.0 | 18.9 | 24.7 | 1.7 | 1.3 | | | 50 | 25 | 9.5 | 14.5 |
| | 27.8 | 14.0 | 13.8 | 19.0 | 1.8 | 1.3 | | | 60 | 30 | 8.4 | 10.6 |
| | 6.1 | 3.0 | 3.1 | 4.3 | 1.8 | 1.3 | | | 70 | 35 | 2.1 | 2.4 |
| 顶替液 | 6.6 | 3.8 | 2.8 | | 1.8 | 1.3 | | | | | | 2.1 |
| 合计 | 164.1 | 85.8 | 77.8 | | | | | | | | 27.3 | 68.2 |

## （二）气藏典型井——S6 井

1. 基础参数

S6 井是国内西北某气田一口探井，物性参数见表 4-28，目的层基本数据见表 4-29，测井曲线见图 4-28。

表 4-28 S6 井盒 8 段气层物性参数

| 井段（m） | 厚度（m） | 电阻率（Ω·m） | 时差（μm/s） | 孔隙度（%） | | 渗透率（mD） | |
|---|---|---|---|---|---|---|---|
| | | | | 电测 | 岩心分析 | 电测 | 岩心分析 |
| 3318.4~3324.5 | 6.1 | 62.1 | 239.2 | 9.85 | 块数：32 块<br>平均：13.03<br>最大：16.78<br>最小：6.02 | 0.84 | 块数：32 块<br>平均：9.0<br>最大：67.01<br>最小：2.07 |
| 3325.1~3329.0 | 3.9 | 42.2 | 250.7 | 11.82 | 块数：22 块<br>平均：12.11<br>最大：19.96<br>最小：3.24 | 1.26 | 块数：22 块<br>平均：62.74<br>最大：561.0<br>最小：0.07 |
| 平均 | 10.0 | 54.3 | 243.7 | 10.6 | 12.7 | 1.0 | 30.0 |

表 4-29 气层测井解释结果表

| 层位 | 井段<br>(m) | $H$<br>(m) | $R_t$<br>($\Omega \cdot m$) | $\Delta T$<br>($\mu s/m$) | $K$<br>(mD) | $\phi$<br>(%) | $S_w$<br>(%) | 解释结果 |
|---|---|---|---|---|---|---|---|---|
| 盒8段 | 3315.9~3318.4 | 2.5 | 33.8 | 227.04 | 0.27 | 7.77 | 55.14 | 含气层 |
| 盒8段 | 3318.4~3324.5 | 6.1 | 62.1 | 239.20 | 0.84 | 9.85 | 32.56 | 气层 |
| 盒8段 | 3325.1~3329.0 | 3.9 | 42.2 | 250.67 | 1.26 | 11.82 | 32.35 | 气层 |
| 盒8段 | 3329.8~3331.9 | 2.1 | 55.0 | 219.45 | 0.4 | 6.47 | 52.32 | 含气层 |
| 盒8段 | 3339.3~3352.4 | 13.1 | 36.7 | 219.28 | 0.2 | 6.43 | 61.11 | 含气层 |

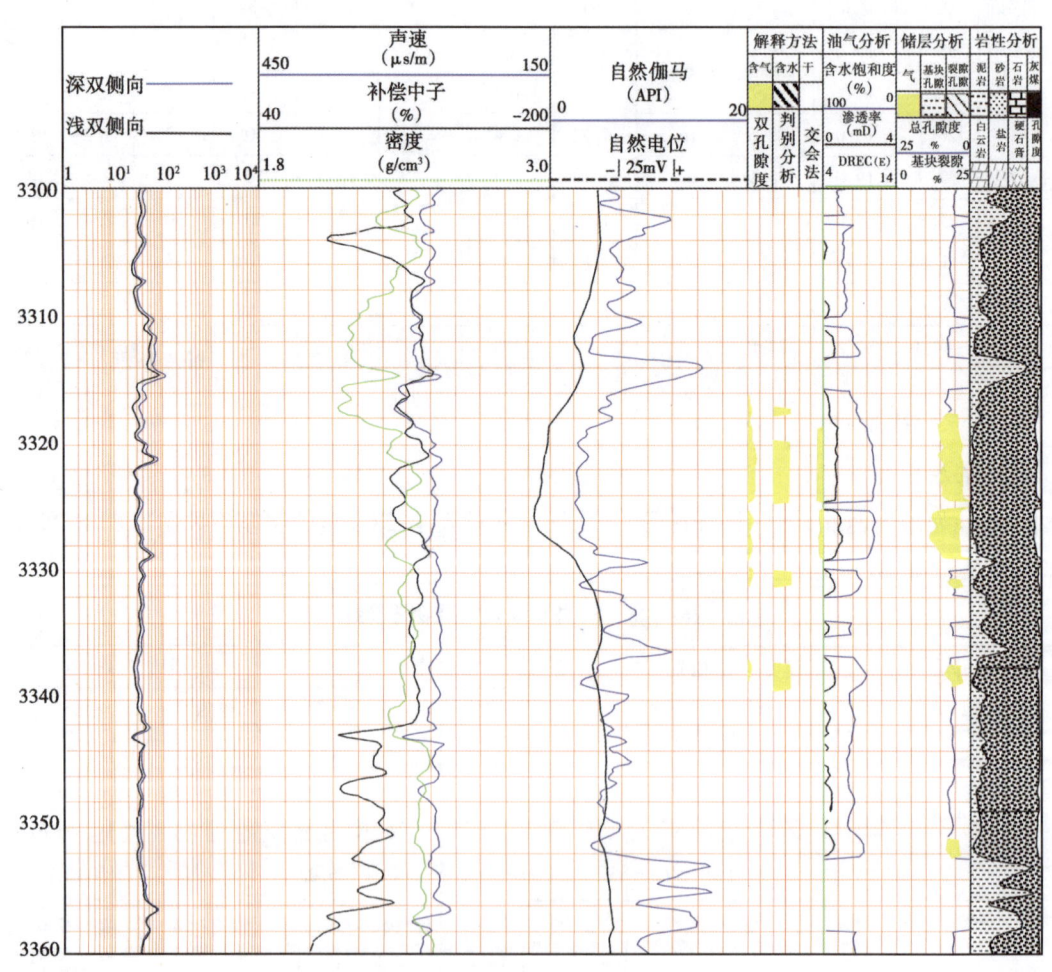

图 4-28 S6 井盒 8 段层位测井曲线

从测井曲线上看，盒 8 段气层本身的条件较好，压裂段厚度 10.0m，含气显示好，有一段（3.9m 气层）物性最好，岩心分析渗透率平均值达 62.74mD，最大岩心渗透率 561mD。

使用先进的美国 ES-300 型环境扫描电镜,对 S6 井(盒 8 段)的岩心进行了扫描电镜分析(图 4-1)。图 4-1(a)是岩心放大 600 倍时岩心的孔隙结构,孔隙大于 $50\mu m$,并存在大量自生丝状伊利石;图 4-1(b)是岩心放大 200 倍时的微观结构,岩心存在大量粒缘缝,缝宽为 $5\sim10\mu m$。电镜扫描分析说明 S6 井(盒$_8$ 层位)的岩心孔隙较大,并有粒缘缝,证明了岩心实验分析的孔渗参数比较准确。

2. 射孔方案

射孔参数表见表 4-30。要求射孔前用 $\phi148$ 通井规通井,实探人工井底;洗井至进出口水色一致;射孔液采用加有防膨剂等添加剂的活性水。

表 4-30 射孔参数表(S6 井)

| 射孔井段(m) | 厚度(m) | 弹型 | 孔密(孔/m) |
|---|---|---|---|
| 3319.5~3323.5 | 4.0 | SYD-102 | 13 |
| 3326.0~3329.0 | 3.0 | SYD-102 | 13 |

3. 压裂施工参数

施工总液量:222.9m³(其中胶液 138.8m³,液体二氧化碳 84.1m³)。

施工排量:3.5m³/min。

施工砂比:冻胶平均砂比 37.5%;混合液(冻胶+二氧化碳)平均砂比 26.2%。

施工加砂量:30m³。

利用专门的压裂设计软件进行了裂缝参数模拟优化,具体设计结果见表 4-31。

表 4-31 压裂裂缝参数模拟结果表(S6 井)

| 压裂井段(m) | 加砂量(m³) | 前置液(m³) | 携砂液(m³) | 水力缝长(m) | 支撑半缝长(m) | 水力缝高(m) |
|---|---|---|---|---|---|---|
| 3318.4~3329.0 | 30 | 90 | 114.4 | 166.5 | 134.5 | 38.1 |

4. 压裂方式及要求

压裂方式:封隔器保护套管,液体二氧化碳与冻胶在地面三通汇合后经 $\phi89mm$ 油管注入,油套管环形空间打平衡压力(根据油管压力变化)。

压裂液:AC-8 酸性交联羟丙基瓜尔胶冻胶+二氧化碳。

支撑剂:采用 0.45~0.9mm 腾飞陶粒。

安装 KQ-700 型压裂井口,施工限压:70.0MPa。

5. 加砂泵注程序

加砂压裂施工泵注程序见表 4-32。

表 4-32  加砂压裂施工泵注程序表（S6 井）

| 程序 | 施工液量（m³） | | | | 排量（m³/min） | | 交联剂排量（L/min） | 砂比（%） | | 砂量（m³） | 泵注时间（min） |
|---|---|---|---|---|---|---|---|---|---|---|---|
| | 纯液量 | 胶液 | 二氧化碳 | 混砂液 | 混砂 | 二氧化碳 | | 冻胶 | 混合液 | | |
| 低替液 | | (12) | | | 0.5 | | | | | | (24.0) |
| 坐封 | 3.0 | 3.0 | | | 1.5 | | | | | | (2.0) |
| 前置液 | 90 | 45 | 45 | | 1.6 | 1.6 | 27.0 | | | | 28.1 |
| 携砂液 | 14.3 | 10 | 4.3 | 11.3 | 2.32 | 0.88 | | 25 | 17.5 | 2.5 | 4.9 |
| | 28.6 | 20 | 8.6 | 23.7 | 2.35 | 0.85 | | 35 | 24.5 | 7.0 | 10.1 |
| | 57.2 | 40 | 17.2 | 48.5 | 2.36 | 0.84 | | 40 | 28.0 | 16.0 | 20.6 |
| | 14.3 | 10 | 4.3 | 12.4 | 2.38 | 0.82 | | 45 | 31.5 | 4.5 | 5.2 |
| 顶替液 | 15.5 | 10.8 | 4.7 | | 2.24 | 0.96 | | | | | 4.8 |
| 合计 | 222.9 | 138.8 | 84.1 | | | | | 37.5 | 26.2 | 30.0 | 73.7 |

# 第五节　二氧化碳泡沫压裂现场技术要求

## 一、压裂施工要求及注意事项

**（一）井口及井下管柱要求**

（1）井口要求配齐压力表、油嘴、油嘴套、法兰短接、边接螺钉，所有阀门要开关灵活，密封良好，组装后试压不刺不漏。

（2）封隔器、水力锚等钻具要按有关标准试压。

（3）所有入井管柱必须测量精确且清除干净，并涂好螺纹脂并按有关标准上紧；

（4）正式施工前，要求高压管线及井口等按标准试压，确保所有设备工作正常。

**（二）压裂工作液要求**

（1）配液用水要求达到试油压裂标准。

（2）严格按配方及配液要求配制压裂液。

（3）要求所有液罐清洗干净。

**（三）压裂支撑剂要求**

（1）所用支撑剂为石英砂或中密度陶粒，数量以设计值为准。

（2）质量须达到有关支撑剂行业要求标准。

## 二．压裂实施注意事项

（1）现场施工要有专人统一指挥，现场指挥根据具体情况妥善处理异常情况。当施工泵压超过额定压力时，应适当降低排量。

(2)严格按照设计方案进行现场施工,同时准备1~2个备用方案。

(3)压裂后拆卸压裂管线要有专门的放压装置,不要在井口放压。

(4)各作业工序要求有齐全与准确的原始记录,应连续记录泵压、排量和砂液比等曲线。

(5)施工严格执行有关安全标准,保证人身及设备安全。

# 第五章 二氧化碳泡沫压裂技术的现场应用

针对我国西北某低渗透油气藏的储层特点及油藏和气藏的不同改造要求,为了使气藏二氧化碳压裂试验获得成功,本次二氧化碳压裂试验的指导思想是"先油后气",即先进行3口油井二氧化碳压裂的先导试验,探索适合低渗透油气田压裂的工艺方法和压裂液体系;最终目标是提高气田的单井产量,增加低丰度气藏的单井产量、探明储量和开发效益。

## 第一节 低压油井二氧化碳泡沫压裂先导试验

### 一、油井压裂井的基本情况

#### (一) 油藏基本条件

选择位于我国西部某油田的3口油井,油藏基本条件见表5-1。

表5-1 靖安油田五里湾一区的油藏模拟条件表

| 层位 | 长 $6_2$ | 地层深度(℃) | 60 |
|---|---|---|---|
| 井网 | 反九点 | 埋深(m) | 1860 |
| 井距 | 300~350m | 原始地层压力(MPa) | 16.7 |

#### (二) 压裂层基本数据

3口油井的压裂层基本数据见表5-2。从表5-2中可知,L90-27井和L91-29井的物性和厚度均好于L85-26井,但中间存在几个厚度不等的夹层。按照储层甜点选择压裂优化要求,3口井的射孔井段如下:

表5-2 油井的压裂层基本数据表

| 井号 | 层位 | 井段(m) | h(m) | Rt($\Omega \cdot m$) | K(mD) | $\phi$(%) | $S_w$(%) | 解释结果 |
|---|---|---|---|---|---|---|---|---|
| L85-26 | 长 $6_2^1$ | 1788.0~1790.1 | 2.1 | 17.1 | 3.10 | 11.96 | 51.09 | 油层 |
| | | 1790.2~1795.1 | 4.9 | 16.8 | 4.22 | 12.61 | 49.27 | 油层 |
| | | 1796.0~1798.0 | 2.0 | 14.4 | 3.51 | 12.53 | 53.41 | 油层 |
| | | 1798.3~1802.3 | 4.0 | 15.0 | 5.28 | 13.33 | 49.72 | 油层 |
| | 平均 | | 13.0 | 15.9 | 4.26 | 12.71 | 50.34 | 油 |
| | 射孔井段 | 1790.5~1795.0 | | | | | | |

续表

| 井号 | 层位 | 井段<br>(m) | $h$<br>(m) | $R_t$<br>($\Omega \cdot m$) | $K$<br>(mD) | $\phi$<br>(%) | $S_w$<br>(%) | 解释结果 |
|---|---|---|---|---|---|---|---|---|
| L90-27 | 长$6_2^1$ | 1771.7~1775.3 | 3.6 | 16.8 | 3.18 | 11.81 | 48.96 | 油层 |
| | | 1776.2~1778.3 | 2.1 | 18.7 | 4.45 | 12.29 | 45.08 | 油层 |
| | | 1778.8~1785.3 | 6.5 | 11.7 | 5.48 | 13.83 | 52.31 | 油层 |
| | | 1785.5~1794.6 | 9.1 | 18.0 | 5.38 | 12.82 | 45.39 | 油层 |
| | 平均 | | 21.3 | 15.9 | 4.95 | 12.91 | 48.1 | 油层 |
| | 射孔井段 | 1776.2~1778.2、1780.2~1782.2、1786.0~1788.0 | | | | | | |
| L91-29 | 长$6_2^1$ | 1875.0~1877.0 | 2.0 | 16.8 | 3.63 | 12.26 | 48.04 | 油层 |
| | | 1877.6~1879.9 | 2.3 | 24.2 | 4.45 | 11.89 | 41.11 | 油层 |
| | | 1880.6~1884.5 | 3.9 | 17.7 | 6.25 | 13.22 | 44.11 | 油层 |
| | | 1884.9~1891.5 | 6.6 | 15.5 | 6.07 | 13.36 | 45.82 | 油层 |
| | 平均 | | 14.8 | 17.6 | 5.54 | 12.95 | 44.94 | 油层 |
| | 射孔井段 | 1881.0~1883.0、1885.0~1888.0 | | | | | | |

L85-26井：1790.5~1795.0m。

L90-27井：1776.2~1778.2m、1780.2~1782.2m、1786.0~1788.0m。

L91-29井：1881.0~1883.0m、1885.0~1888.0m。

**（三）单井压裂方案设计要点**

每口井在压裂施工前均需要根据压裂总体设计方案进行单井压裂方案设计，其设计要点如下。

1. 压裂方案工艺设计要点

压裂参数的确定：由于本次油井二氧化碳压裂属先导试验性质，因此，施工规模"先小后大"，施工参数"先低后高"。

压裂规模：第一口井20.0m³，第二口井25.7m³，第一口井27.3m³。

施工砂比：采用内相恒定技术逐步提高砂比。第一口井冻胶平均砂比40%；混合液（冻胶+二氧化碳液）平均砂比20.0%。第二口井冻胶平均砂比44.3%；混合液平均砂比22.2%。第三口井冻胶平均砂比50%；混合液平均砂比25%。

施工排量：3.0~3.2m³/min。

泡沫质量：52%~53%（胶液与二氧化碳的比例为1:1）。

2. 压裂施工方式及要求

压裂方式：封隔器保护套管，二氧化碳（液体）与冻胶在地面三通混合后经φ73mm油管注入。

压裂液：羟丙基瓜尔胶酸性交联冻胶+二氧化碳。

支撑剂：采用0.5~0.8mm兰州石英砂。

压裂井口：KQ-600 压裂井口，施工限压：60.0MPa。

3. 压裂液配方

基液：0.55%GRJ+1.0%氯化钾+0.05%SQ-8+0.2%DL-8。

起泡剂比例：100:1。

交联液：AC-8+APS。

交联比：100:1.5。

活性水：1.0%氯化钾+0.3%CF-5B+清水。

4. 压裂设计结果

采用先进的三维二氧化碳压裂设计软件进行压裂优化设计，压裂设计结果见表5-3。

表5-3　3口油井压裂设计结果表

| 井号 | 压裂井段（m） | 加砂量（m³） | 前置液（m³） | 携砂液（m³） | 水力缝长（m） | 支撑缝长（m） |
| --- | --- | --- | --- | --- | --- | --- |
| L85-26 | 1784.0~1812.0 | 20.0 | 34.0 | 101.2 | 180 | 158 |
| L90-27 | 1768.5~1798.0 | 25.7 | 38.0 | 117.2 | 193 | 169 |
| L91-29 | 1870.0~1900.0 | 27.3 | 38.0 | 112.0 | 176.0 | 155.0 |

## 二、油井压裂井实施情况

### （一）压裂实施情况

三口试验井经过充分准备，严格按试油压裂规程和压裂设计要求进行了压裂施工，其施工参数见表5-4。

表5-4　3口油井压裂施工参数表

| 井号 | L85-26 | L90-27 | L91-29 |
| --- | --- | --- | --- |
| 施工管柱 | 2½in 油管 | 2½in 油管 | 2½in 油管 |
| 施工排量（m³/min） | 3.2 | 3.0 | 3.1 |
| 加砂量（m³） | 20.0 | 25.7 | 28.0 |
| 总液量（m³） | 126.73 | 194.42 | 142.5 |
| 瓜尔胶量（m³） | 61.4 | 109.7 | 70.0 |
| 二氧化碳量（m³） | 65.33 | 84.72 | 72.5 |
| 泡沫质量（%） | 54.6 | 46.2 | 53.9 |
| 破裂压力（MPa） | 31 | 17 | 23 |
| 停泵压力（MPa） | 7 | 5.4 | 5 |

L85-26井最先施工，整个施工过程进展顺利，其压力排量曲线如图5-1所示。L90-27井随即施工，整个施工过程进展不太顺利，第一车砂加完（8.5m³）时，混砂车皮带断，停泵2h40min，更换混砂车后继续施工，但后来二氧化碳泵注设备不正常，其压力排量曲线如

图5-2所示。L91-29井最后施工，整个施工过程进展顺利，其压力排量曲线如图5-3所示。

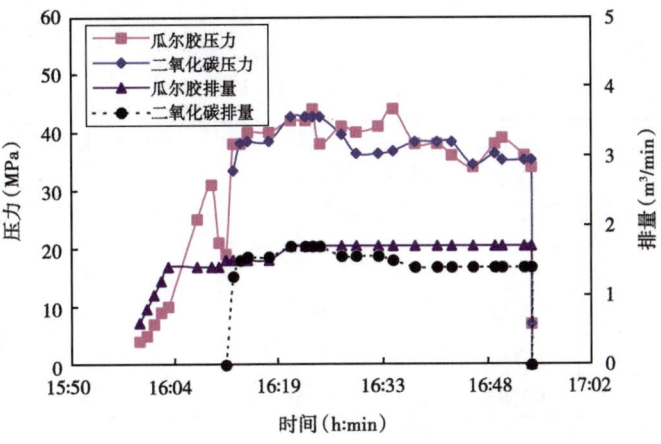

图5-1　L85-26井压力排量曲线图

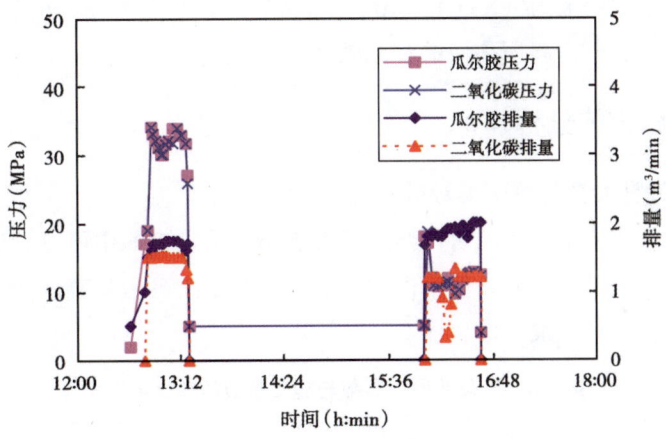

图5-2　L90-27井压力排量曲线图

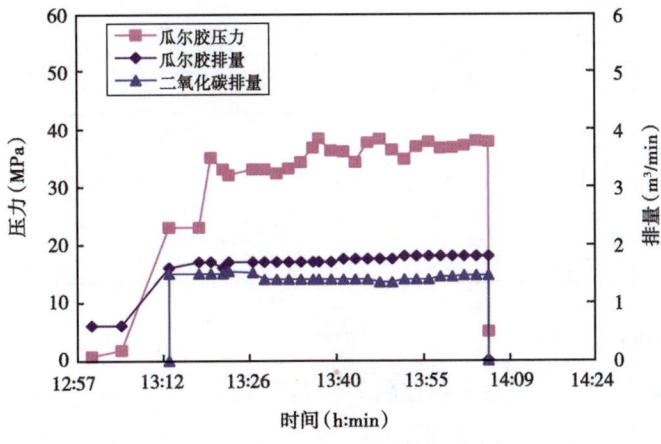

图5-3　L91-29井压力排量曲线图

## （二）压裂监测情况

3口油井压裂期间进行了压力监测。其中，L90-27井由于中途停泵，进行了两次压力监测，其监测结果见表5-5。

表5-5　三口油井压裂监测结果表

| 井号 | L85-26井 | L90-27井（1） | L90-27井（2） | L91-29 |
|---|---|---|---|---|
| 监测方式 | 油管 | 油管 | 油管 | 油管 |
| 闭合压力（MPa） | 21.4 | 21.3 | 20.7 | 23.24 |
| 滤失效率（%） | 76 | 74.1 | 74.63 | 57.92 |
| 滤失系数（m/min$^{1/2}$） | 0.00025 | 0.00033 | 0.00029 | 0.00049 |
| 裂缝半长（m） | 179.8 | 127.4 | 138.3 | 183.6 |
| 平均缝宽（mm） | 12.08 | 12.51 | 10.78 | 12.27 |

从结果可以看出，3口油井二氧化碳压裂的平均滤失系数为$3.4\times10^{-4}$m/min$^{1/2}$，而常规水基压裂液的滤失系数一般为$(5\sim6)\times10^{-4}$m/min$^{1/2}$，说明二氧化碳压裂液比常规水基压裂液更能降低滤失，有利于提高压裂液的利用效率。

## 三、油井压后评估分析

### （一）压裂井设计参数与施工参数的对比

压裂井设计参数与施工参数的对比结果见表5-6。从表5-6中可以看出，除了柳90-27井由于中间停泵，导致最终砂液比低于设计指标，其余施工参数均高于设计参数。3口油井施工成功，总体达到设计要求。

表5-6　压裂井设计参数与施工参数的对比结果表

| 井号 | | 前置液（m³） | | 携砂液（m³） | | 顶替液（m³） | | 砂量（m³） | 砂比（%） | | 排量（m³/min） | 压力（MPa） |
|---|---|---|---|---|---|---|---|---|---|---|---|---|
| | | 胶液 | 二氧化碳液 | 胶液 | 二氧化碳液 | 胶液 | 二氧化碳液 | | 胶液 | 混合液 | | |
| L85-26 | 设计 | 17 | 17 | 50 | 51.2 | 3.5 | 2.9 | 20 | 40.0 | 20.0 | 3~3.2 | |
| | 施工 | 19.7 | 17.4 | 39 | 44.3 | 3.7 | 3.65 | 20 | 52.6 | 24.3 | 3.2 | 30~40 |
| L90-27 | 设计 | 19 | 19 | 58 | 58.9 | 3.6 | 2.7 | 25.7 | 44.3 | 22.2 | 3~3.2 | |
| | 施工 | 29.1 | 21.14 | 72.28 | 58.14 | 9.6 | 5.44 | 25.7 | 36.2 | 20.0 | 3.0 | 28~34 |
| L91-29 | 设计 | 19 | 19 | 82 | 56 | 3.8 | 2.8 | 27.3 | 50.0 | 25.0 | 3~3.1 | |
| | 施工 | 17.4 | 15 | 48.8 | 54.9 | 3.8 | 2.6 | 28 | 57.4 | 27.0 | 3.1 | 29~36 |

### （二）压裂摩擦阻力分析

3口油井二氧化碳泡沫压裂施工摩擦阻力分析见表5-7。从结果可以看出，三口油井二氧化碳压裂的平均摩擦阻力系数为42.7%，而常规水基压裂液的摩擦阻力系数一般为28.5%左右，说明二氧化碳压裂液的摩擦阻力系数高于常规水基压裂液。对于个别井需要提高排量以提高携砂能力，但一般都能达到施工的要求。

表5-7 油井二氧化碳泡沫压裂施工摩擦阻力分析表

| 井 号 | 井深（m） | 注入方式 | 排量（m³/min） | 泡沫质量（%） | 延伸压力（MPa） | 停泵压力（MPa） | 摩擦阻力（MPa） | 摩擦阻力系数（%） |
|---|---|---|---|---|---|---|---|---|
| L85-26 | 1790.0 | 2½in 油管 | 3.2 | 54.6 | 33.5 | 5.5 | 28.0 | 40.1 |
| L90-27 | 1783.3 | 2½in 油管 | 3.2 | 46.2 | 35.0 | 5.0 | 30.0 | 43.1 |
| L91-29 | 1885.0 | 2½in 油管 | 3.1 | 53.9 | 37.0 | 4.0 | 33.0 | 44.9 |

### （三）压裂后排液求产情况

3口油井压裂后排液求产情况见表5-8。从表5-8可知，3口油井实施二氧化碳压裂后返排具有以下特点。

表5-8 3口油井压裂后排液求产情况表

| 井号 | 自喷液（m³） | 排液量（m³） | 返排率（%） | 压后产油量（m³/d） |
|---|---|---|---|---|
| L85-26 | 29.1 | 54.7 | 70.0 | 14.8 |
| L90-27 | 29.4 | 103.2 | 61.0 | 30.8 |
| L91-29 | 45.1 | 131.0 | 84.0 | 36.8 |
| 平均 | 34.53 | 96.3 | 71.7 | 27.5 |

（1）压裂后返排率高。压裂后冻胶返排率分别为70%、61%、80%，平均压裂后冻胶返排率71.3%左右，而常规压裂井压裂后冻胶返排率平均30%左右。

（2）压裂后返排自喷快。常规水基压裂井压裂后冻胶返排的自喷液一般只有1~2m³，而本次3口油井实施二氧化碳压裂后，平均自喷液有34.53m³，而且排液时间缩短了一半。

（3）压裂后初期产量高。三口油井实施二氧化碳压裂后产量较高，压裂后产量分别为14.8m³/d、30.8m³/d、36.8m³/d，平均27.5m³/d。

### （四）油井二氧化碳压裂与邻井的对比分析

对油井二氧化碳压裂与邻井常规水基压裂进行对比分析，分析其物性参数、压裂施工参数和压裂后效果。

**1. 二氧化碳压裂井与邻井物性和施工参数对比**

将本次二氧化碳压裂井与相邻油井进行了对比分析，其物性和施工参数对比见表5-9。从物性看，L85-26井油层厚度不及其邻井L85-27和L86-27井，物性在两口邻井之间；L90-27井油层厚度大于邻井，物性在两口邻井之间；L91-29井的物性和厚度均优于两口邻井。从加砂量看，加砂量总体低于邻井，L85-26井和L91-29井使用二氧化碳压裂的加砂量低于邻井，只有L90-27井加砂量高于邻井。从平均砂比看，二氧化碳压裂的冻胶平均砂液比均高于邻井，但总入井砂比（冻胶+二氧化碳的砂比）比邻井低。

表 5-9  油田二氧化碳压裂井与邻井物性和施工参数对比表

| 井别 | 压裂井号 | 压裂层位 | 电测解释参数 ||||| 压裂参数 |||
|---|---|---|---|---|---|---|---|---|---|---|
| | | | 油层厚度（m） | 电阻率（Ω·m） | 孔隙度（%） | 渗透率（mD） | 含水饱和度（%） | 砂量（m³） | 平均砂比（%） | 排量（m³/min） |
| 二氧化碳压裂试验井 | L85-26 | 长6² | 8.5 | 15.9 | 12.71 | 4.26 | 50.34 | 20.0 | 总：24.3 冻胶：52.6 | 3.176 |
| 常规水基压裂井 | L85-27 | 长6² | 16.9 | 13.6 | 12.23 | 3.35 | 53.5 | 10+21 | 36.1 | 1.600 |
| 常规水基压裂井 | L86-27 | 长6² | 17.1 | 13.2 | 13.63 | 5.62 | 52.21 | 30.0 | 33.3 | 1.800 |
| 二氧化碳压裂试验井 | L90-27 | 长6² | 14.8 | 15.9 | 12.91 | 4.95 | 48.1 | 25.7 | 总：19.9 冻胶：36.2 | 3.038 |
| 常规水基压裂井 | L90-29 | 长6² | 6.8 | 12.4 | 12.75 | 3.34 | 60.1 | 14.0 | 34.0 | 1.400 |
| 常规水基压裂井 | L89-29 | 长6² | 9.7 | 12.2 | 13.82 | 6.27 | 50.9 | 18.0 | 35.1 | 2.000 |
| 二氧化碳压裂试验井 | L91-29 | 长6² | 10.0 | 15.0 | 12.95 | 5.54 | 51.32 | 28.0 | 总：27.0 冻胶：57.4 | 3.208 |
| 常规水基压裂井 | L90-29 | 长6² | 6.8 | 12.4 | 12.75 | 3.34 | 60.1 | 34.0 | 34.0 | 1.400 |
| 常规水基压裂井 | L91-30 | 长6² | 7.1 | 13.4 | 12.86 | 4.39 | 56.41 | 35.8 | 35.8 | 1.550 |

2. 二氧化碳压裂井与邻井压后初期效果对比

油田二氧化碳压裂井与邻井压后效果对比见表 5-10。从表 5-10 可知，3 口油井压裂后水化液返排率均高于邻井。除柳 85-26 井外，其余两口井的抽深和动液面均低于其邻井，而其压裂后产量均高于邻井，折算成每米油层产油量（每米采油指数）来对比，二氧化碳压裂井均高于邻井，平均日产油量增加一倍，说明二氧化碳压裂的初期效果比常规水基冻胶压裂效果好。

表 5-10  油田二氧化碳压裂井与邻井压后初期效果对比表

| 井别 | 压裂井号 | 压裂层位 | 排液数据 ||| 求产数据 ||||
|---|---|---|---|---|---|---|---|---|---|
| | | | 入井液量（m³） | 排出液量（m³） | 返排率（%） | 抽吸深（m） | 动液面（m） | 日产油（m³/d） | 每米采油指数 [m³/(d·m)] |
| 二氧化碳压裂试验井 | L85-26 | 长6² | 83.0 | 54.7 | 70.0 | 1650 | 1550 | 14.8 | 1.74 |
| 常规水基压裂井 | L85-27 | 长6² | 171.8 | 75.5 | 44.0 | 1450 | 1350 | 17.47 | 1.03 |
| 常规水基压裂井 | L86-27 | 长6² | 141.4 | 64.1 | 45.0 | 1400 | 1250 | 18.16 | 1.06 |
| 二氧化碳压裂试验井 | L90-27 | 长6² | 170.3 | 103.0 | 61.0 | 1400 | 1200 | 30.8 | 2.08 |
| 常规水基压裂井 | L90-29 | 长6² | 90.25 | 56.7 | 53.0 | 1700 | 1620 | 11.05 | 1.63 |
| 常规水基压裂井 | L89-29 | 长6² | 86.4 | 39.8 | 46.0 | 1500 | 1420 | 13.01 | 1.34 |
| 二氧化碳压裂试验井 | L91-29 | 长6² | 155.8 | 131.0 | 84.0 | 1400 | 1200 | 36.8 | 3.68 |
| 常规水基压裂井 | L90-29 | 长6² | 90.25 | 56.7 | 53.0 | 1700 | 1620 | 11.05 | 1.63 |
| 常规水基压裂井 | L91-30 | 长6² | 126.1 | 102.6 | 81.3 | 1750 | 1670 | 5.61 | 0.79 |

3. 二氧化碳压裂井与邻井压后效果对比

压裂后 8 个月，统计了油田 3 口二氧化碳压裂井与邻井压裂后产量数据，压裂后较长时间效果对比见表 5-11。

表 5-11　靖安油田二氧化碳压裂井与邻井压后产量对比表（8 个月）

| 井号 | 试油初产（$m^3/d$） | 产量（$m^3/d$） | | | | | | | |
|---|---|---|---|---|---|---|---|---|---|
|  |  | 1月 | 2月 | 3月 | 4月 | 5月 | 6月 | 7月 | 8月 |
| L85-26 | 14.8 | 7.5 | 5.6 | 4.36 | 3.2 | 3.31 | 4.64 | 4.45 | 4.02 |
| L85-27 | 17.47 | 11.49 | 10.53 | 10.33 | 5.32 | 4.93 | 4.58 | 4.3 | 4.48 |
| L86-27 | 18.16 | 8.74 | 11.63 | 12.19 | 12.19 | 5.94 | 6.53 | 6.92 | 6.92 |
| L90-27 | 30.8 | 4.61 | 12.35 | 7.89 | 6.47 | 7.07 | 5.75 | 6.11 | 6 |
| L90-29 | 11.05 | 12.49 | 10.2 | 9.58 | 8.32 | 11.68 | 9.71 | 8.71 | 9.26 |
| L89-27 | 13.01 | 10.63 | 14.82 | 12.79 | 10.23 | 7.8 | 7.39 | 6.79 | 7 |
| L91-29 | 36.8 | 9.93 | 7.22 | 6.69 | 8.49 | 8.72 | 6.49 | 6.8 | 6.7 |
| L90-29 | 11.05 | 12.49 | 10.2 | 9.58 | 8.32 | 11.68 | 9.71 | 8.71 | 9.26 |
| L91-30 | 5.61 | 10 | 6.68 | 6.68 | 4.3 | 2.57 | 2.58 | 2.56 | 3.1 |

从表 5-11 可知，3 口油井压裂后初期产量均高于邻井，其压裂后初期每米采油指数均高于邻井，但 8 个月后和邻井差别不大。L85-26 井的压裂后期每米采油指数高于邻井，而 L90-27 井则低于邻井，L91-29 井的每米采油指数界于邻井之间（图 5-4 至图 5-6）。说明对该油田的油井进行二氧化碳压裂，其压裂后初期效果比常规水基冻胶压裂效果好，但后期则优势不明显，可能跟地层压力系数低（小于 0.9）及地层供液能量不足有关系，也可能与加砂量和砂液比较低有一定关系。

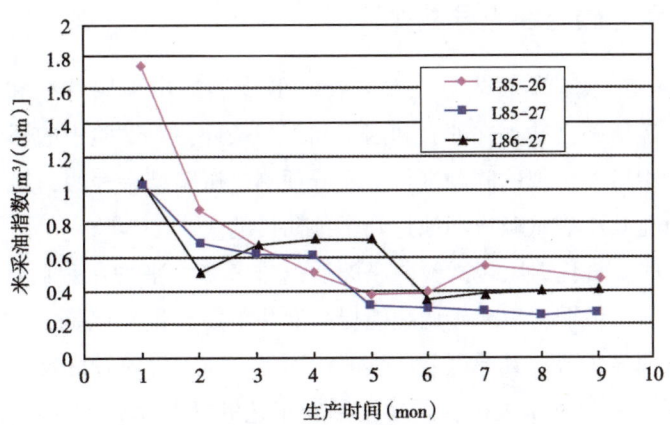

图 5-4　L85-26 井二氧化碳泡沫压裂效果对比图

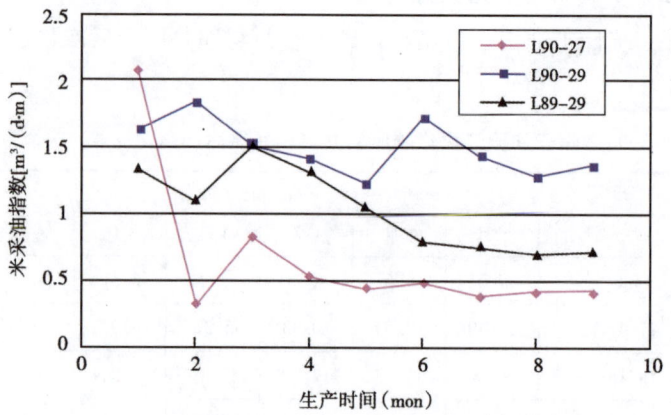

图 5-5　柳 90-27 井二氧化碳泡沫压裂效果对比图

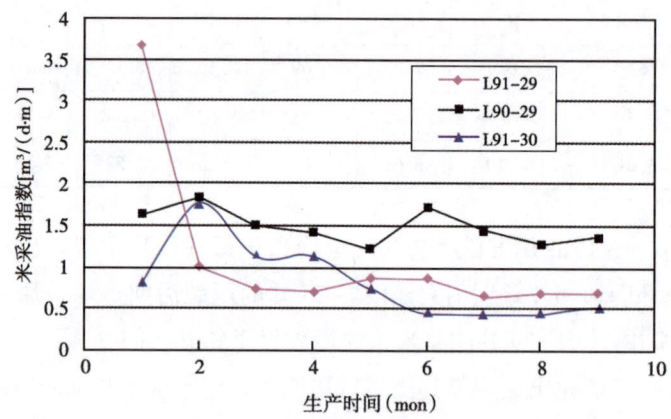

图 5-6　柳 91-29 井二氧化碳泡沫压裂效果对比图

## 四、油井二氧化碳压裂先导试验认识

（1）本次油井二氧化碳压裂先导试验是针对低渗透油田地层特征和现有的工程条件，分析了本次二氧化碳压裂试验存在的有利因素和不利条件，对试验中的部分关健技术进行了重点攻关，对试验中可能出现的问题进行了充分预测。试验结果表明，施工参数达到设计要求，说明油井二氧化碳压裂试验成功地达到了预期目的。

（2）3 口油井的二氧化碳压裂试验，压裂后返排率高，平均压裂后日产油量增加 1 倍，压裂后初期效果明显，说明二氧化碳压裂能提高油井单井产量。但是，3 口油井压裂后期与水基压裂相比没有明显优势，其原因是后续能量不足、施工规模较低及砂液比较低。

（3）本次油井二氧化碳压裂试验，采用了新工艺和新技术，如三维二氧化碳压裂优化设计、恒定内相技术、酸性交联压裂液体系等，为试验成功提供了技术支持。试验结果表明，酸性交联压裂液体系基本可满足工艺技术的要求。

（4）3 口油井的二氧化碳压裂试验，压裂施工摩擦阻力较高，平均摩擦阻力系数为

42.7%，而常规水基压裂液的摩擦阻力系数为 28.5%，说明二氧化碳压裂液的摩擦阻力系数高于常规水基压裂液。通过二氧化碳压裂先导试验，认识了二氧化碳压裂的特点，为下一步低渗透、低压、低丰度气藏二氧化碳压裂试验成功及提高其压裂改造效果积累了经验。

（5）通过本次油井二氧化碳压裂先导试验证明：二氧化碳压裂的优点是提高压裂液返排率；缺点是施工规模稍小、砂液比较低。主要原因是压裂设备及技术上仍存在不足，如若提高了泡沫质量，虽然提高了液体的携砂能力，但也提高了施工摩擦阻力，就难以保证压裂成功。反之，降低泡沫质量，降低了携砂能力，也就降低了施工规模及砂液比，因此，在下步气井试验过程中，需要攻关研究解决提高返排率与提高施工规模和砂液比的关系。

## 第二节 低压气井二氧化碳泡沫压裂试验

经过前期油井二氧化碳泡沫压裂先导试验、实施评估分析，总结出二氧化碳泡沫压裂的成功经验，结合气藏压裂的特点，分析了二氧化碳泡沫压裂需要进一步解决的问题，通过随后的室内研究和国外考察，进一步认清了二氧化碳泡沫压裂的几个混淆不清的问题，对气井二氧化碳泡沫压裂的压裂液体系和工艺技术进行了深入研究。于油井压裂先导试验结束半年后开始在气藏现场实施进行了 19 井次的二氧化碳泡沫压裂，共两个阶段历时一年，施工取得了圆满成功，增产效果良好。

### 一、气井二氧化碳泡沫压裂的难点分析

#### （一）储层条件对比分析

本次试验的油藏与气藏的储层条件相差较大，最大的区别是油气藏类型不同，井深、井温、闭合压力等多方面均有较大差异（表5-12）。

表 5-12 油藏与气藏二氧化碳泡沫压裂条件分析表

| 类别 | 油藏 | 气藏 |
| --- | --- | --- |
| 井深（m） | 1800 | 2800~3500 |
| 井温（℃） | 60 | 90~120 |
| 井距（km） | 0.3~0.35 | 6000 |
| 闭合压力（MPa） | 15~20 | 30~40 |

#### （二）气井二氧化碳泡沫压裂施工难点对比分析及对策

通过对比分析前期试验油藏与后来试验气藏的储层条件，气井二氧化碳泡沫压裂施工增加了难度（表5-13），主要表现在：井深增加，施工摩擦阻力增加，加之由于采用陶粒作支撑剂，陶粒密度比石英砂高，对压裂液的携砂能力和工艺技术方面提出了更高的要求。

表 5-13 气藏二氧化碳泡沫压裂施工难点分析及对策表

| 难点 | 油藏 | 气藏 | 气井压裂对策 |
|---|---|---|---|
| 加砂量增加（m³） | 20~30 | ≥30 | （1）增大二氧化碳运输能力；<br>（2）采用 3½in 油管压裂，降低压裂液摩擦阻力；<br>（3）适当提高增稠剂浓度，增大冻胶的携砂能力；<br>（4）逐步降低泡沫质量；<br>（5）研究和试用新型压裂液 |
| 施工摩擦阻力增加（MPa） | 25~35 | 45~55 | |
| 施工泵压增加（MPa） | 30~40 | 60~70 | |
| 支撑剂类型改变 | 石英砂 | 陶粒 | |
| 支撑剂颗粒密度增加（g/cm³） | 2.57 | 3.18 | |
| 支撑剂体积密度增加（g/cm³） | 1.67 | 1.73 | |
| 施工排量降低（m³/min） | 2.5~3.5 | 2.0~3.0 | |

通过对气藏二氧化碳泡沫压裂施工难点对比分析，结合室内研究和国外考察结果，提出了本次气藏二氧化碳泡沫压裂的对策。即通过增大二氧化碳运输能力增加施工规模；采用 3½in 油管压裂管柱，降低压裂液摩擦阻力；提高冻胶的携砂能力，逐步降低泡沫质量，以解决因排量和支撑剂类型的改变导致支撑剂脱砂的问题。

## 二、气井二氧化碳泡沫压裂基本情况

### （一）压裂井基本数据

气井二氧化碳泡沫压裂井的部分压裂层基本数据见表 5-14。

表 5-14 部分气井二氧化碳泡沫压裂层基本数据

| 井号 | 层位 | 井段（m） | $H$（m） | $R_t$（Ω·m） | $\Delta T$（μs/m） | $K_{测井}$（mD） | $\phi$（%） | $S_w$（%） | 储层情况 |
|---|---|---|---|---|---|---|---|---|---|
| S6 | 盒$_8$ | 3318.4~3329.0 | 10.0 | 54.3 | 243.7 | 1.0（30.0*） | 10.6 | 32.5 | 好 |
| SH28 | 盒$_8$ | 3175.2~3182.3 | 7.1 | 200 | 240 | 1.1 | 10.7 | 18.7 | 较好 |
| S14 | 盒$_9$ | 3452.8~3462.0 | 9.2 | 73.5 | 250.8 | 11.6* | 13.07 | 29.37 | 较好 |
| Y44-10 | 山$_2$ | 2785.5~2794.7 | 9.2 | 598.4 | 213.7 | 0.38 | 7.8 | 20.5 | 较好 |
| SH217 | 山$_2$ | 2777.4~2793.9 | 15.3 | 463.5 | 204.8 | 0.20 | 5.8 | 25.2 | 较好 |
| SH11 | 盒$_8$ | 2926.0~2937.0 | 9.2 | 140 | 252 | 1.28 | 9.1 | 25.6 | 较好 |
| G09-1 | 盒$_9$ | 3038.0~3063.4 | 15.9 | — | — | 0.40 | 8.38 | 23.64 | 较好 |
| Y43-9 | 山$_2$ | 2787.3~2793.0 | 5.7 | 395.7 | 200.9 | 1.82 | 5.8 | 25.0 | 较差 |
| S29 | 盒$_8$ | 3516.0~3524.0 | 8.0 | 70.5 | 233.1 | 0.47* | 9.41 | 39.27 | 较差 |
| SH242 | 盒$_8$ | 3140.3~3148.3 | 8.0 | | | 0.74 | 8.12 | — | 较差 |
| S22 | 盒$_9$ | 3523.6~3529.8 | 6.2 | 21.3 | 257.75 | 0.41* | 14.4 | 44.6 | 较差 |
| S6 | 山$_1$ | 3375.3~3385.4 | 10.1 | — | | 0.67 | 9.46 | — | 较差 |
| SH156 | 盒$_8$ | 3034.0~3041.6 | 7.6 | 100 | 226 | 0.89 | 9.4 | 28.2 | 较差 |
| S12 | 盒$_9$ | 3246.5~3251.5 | 5.0 | 24.6 | 244.87 | 0.36* | 10.69 | 38.96 | 较差 |
| Y18 | 盒$_8$ | 2176.3~2182.9 | 6.6 | 123.1 | 213.71 | — | 6.8 | 38.8 | 较差 |
| G34-12 | 山$_2$ | 3511.0~3520.9 | 9.9 | 86.5 | 207.16 | 0.56 | 6.7 | 38.7 | 较差 |

注：*：岩心分析渗透率。

根据压裂井物性,大体可以分为三类情况:第一类是气层条件好的井,如 S6 井(盒$_8$层位),此种类型的试验井很少;第二类是气层条件较好的井,如 SH28 井、S14 井、SH217 井、S11 井、Y44-10 井等井;第三类是气层条件较差的井,如 S29 井、SH242 井、Y18 井、G34-12 井、S12 井、Y43-9 井、S22 井等井。试验目的是分析二氧化碳泡沫压裂在好、中、差气层压裂的适应性。

(二) 压裂方案设计

1. 压裂方案工艺设计要点

由于气井井深,压裂施工泵压高,为了便于施工,在设计时每口井考虑 3 种方案供压裂施工时备用。同时,为了提高酸性压裂液的携砂能力,考虑变泡沫质量的压裂设计,二氧化碳的比例随砂液比增加而逐步降低。二氧化碳的比例变化情况一般为:50%→45%→40%→35%→30%。主要施工参数如下:

压裂规模:20.0~40m³。

施工砂比:冻胶平均砂比 35.7%~38.7%;混合液(冻胶+二氧化碳液)平均砂比 22.2%~26.2%。

施工排量:2.8~4.2m³/min。

2. 压裂液配方体系

采用两套压裂液体系,一套是自主研发的酸性交联压裂液体系,另一套是引进国外稠化剂后优化的压裂液体系。

1) 国内压裂液体系

基液:0.7%GRJ+1.0%氯化钾+0.05%SQ-8+0.3%DL-10。

起泡剂(YFP-1)比例:100:1。

交联液:酸性交联剂 AC-8+破胶剂 APS。

交联比:100:1.5。

活性水:1.0%氯化钾+0.3%CQ-A1+清水。

2) 国外压裂液体系

基液:0.6%HK-60 稠化剂+1%氯化钾黏土稳定剂+0.10%SQ-8 杀菌剂+0.3% CF-5A 助排剂+1.0%YFP-1 起泡剂+0.4%醋酸。

交联液:30%JLJ-3+0.5%NH。

交联比:100:1(0.8~1.2)。

3. 压裂设计计算结果

部分气井二氧化碳压裂设计计算结果见表 5-15。其设计加砂量在 20~40m³,冻胶砂液比在 35%~39%之间,混合液砂液比在 22%~27%,压裂设计参数在当时情况下是比较高的。

表 5-15 部分气井二氧化碳泡沫压裂设计计算结果表

| 井号 | 压裂井段（m） | 加砂量（m³） | 前置液（m³） | 携砂液（m³） | 水力缝长（m） | 支撑半缝长（m） | 水力缝高（m） |
|---|---|---|---|---|---|---|---|
| S6 | 3318.4~3329.0 | 20 | 75 | 76.3 | 116.7 | 94.7 | 33.9 |
| G34-12 | 3511.0~3520.9 | 25 | 76 | 113 | 170 | 145 | 26.7 |
| SH217 | 2777.4~2793.9 | 28 | 84 | 115 | 156.8 | 142.3 | 28.9 |
| Y18 | 2176.3~2182.9 | 24 | 70 | 97.6 | 175 | 145 | 22 |
| S12 | 3246.5~3251.5 | 26 | 75 | 104 | 143 | 128 | 28 |
| S14 | 3452.8~3481.3 | 30 | 110 | 120 | 118 | 105 | 29 |
| S22 | 3423.6~3529.8 | 40 | 140 | 160 | 270 | 240 | 24 |
| S29 | 3516.0~3524.0 | 40 | 140 | 154 | 320 | 282 | 17 |
| Y43-9 | 2787.3~2793.0 | 24 | 107 | 107 | 142 | 135 | 15 |
| Y44-10 | 2785.5~2794.7 | 35 | 120 | 140 | 250 | 206 | 26 |

## 三、气井二氧化碳泡沫压裂实施情况

### （一）气井二氧化碳泡沫压裂施工情况

气藏二氧化碳泡沫压裂施工参数统计表见表 5-16 至表 5-18。19 井次的压裂中，8 井次施工出现异常，其中由于施工设备问题导致加砂不太顺利的有 5 井次，如 G34-12 井由于混砂车输砂系统出故障，加入支撑剂体积 24m³（1m³ 没有加完）；SH217 井除前置液阶段二氧化碳泵注管线漏外，整个加砂过程进展顺利；S6 井（盒 8 段）施工过程中由于混砂车故障，只加砂 16.4m³（余 3.6m³）；S12 井由于排量和砂浓度不能正常显示，导致交联液无法正常注入，出现了高砂比、低交联比的现象，引起后期砂堵；Y43-9 井压裂由于压裂设备不能正常工作，导致施工排量偏低、胶液不充足和二氧化碳压裂泵车问题使得前置液泵入量太低，导致施工后期砂堵。其余 3 井次发生砂堵。

表 5-16 气井二氧化碳泡沫压裂施工参数统计表（1）

| 井号 | G34-12 | SH217 | S6（盒$_8$） | S6（山$_1$） | Y18 |
|---|---|---|---|---|---|
| 注入方式（油管） | 3½in | 3½in | 3½in | 3½in | 2⅞in |
| 排量（m³/min） | 2.8 | 2.8 | 3.1 | 2.37 | 2.5 |
| 支撑剂体积（m³） | 24.1 | 28.0 | 16.4 | 20.0 | 24.0 |
| 压裂液体积（m³） | 169.34 | 196.46 | 180.8 | 134.4 | 178.1 |
| 冻胶体积（m³） | 98.74 | 116.38 | 100.6 | 67.5 | 105.0 |
| 二氧化碳体积（m³） | 70.6 | 80.08 | 80.2 | 60.0 | 73.1 |
| 泡沫质量（%） | 44.6 | 43.6 | 47.5 | 48.0 | 43.9 |
| 混合液/冻胶砂比（%） | 25.9/42.9 | 24.8/41.0 | 21.0/36.8 | 26.0/45.2 | 26.4/43.7 |
| 破裂压力（MPa） | 42.2 | 44.6 | 46.3 | 58.6 | 34.4 |
| 延伸压力（MPa） | 39.6~43.2 | 40.5~45.0 | 34.1~41.5 | — | 34.4~48.5 |
| 停泵压力（MPa） | 28.6 | 29.6 | 16.5 | 26.8 | 17.6 |

表 5-17　气井二氧化碳泡沫压裂施工参数统计表（2）

| 井号 | SH28 | SH156 | SH11 | SH242 | G18-11 | G01-9 | G23-4 | G26-1 |
|---|---|---|---|---|---|---|---|---|
| 注入方式（油管） | 3½in | 3½in | 3½in | 3½in | 3½in | 3½in | 3½in | 3½in |
| 排量（m³/min） | 2.55 | 2.8 | 2.83 | 2.81 | 2.46 | 2.75 | 2.88 | 2.42 |
| 支撑剂体积（m³） | 17.4 | 21.4 | 28.0 | 17.5 | 35.0 | 35.0 | 38.0 | 36.0 |
| 压裂液体积（m³） | 172.85 | 214.21 | 210.94 | 151.24 | 186.9 | 266.6 | 283.0 | 232.6 |
| 冻胶体积（m³） | 87.0 | 120.7 | 113.84 | 71.53 | 84.9 | 172.4 | 140.5 | 116.9 |
| 二氧化碳体积（m³） | 81.55 | 89.81 | 94.0 | 67.71 | 102.0 | 94.2 | 142.5 | 115.7 |
| 泡沫质量（%） | 50.7 | 45.1 | 47.9 | 48.1 | 58.7 | 38.0 | 54.1 | 53.5 |
| 混合液/冻胶砂比（%） | 19.9/41.8 | 20.83/39.3 | 22.6/39.7 | 22.0/38.0 | 25.4/45.6 | 18.7/27.9 | 27.4/47.35 | 25.78/50.1 |
| 破裂压力（MPa） | 25.5 | 55.3 | 26.7 | 55.0 | 45.0 | 45.0 | 52.9 | — |
| 停泵压力（MPa） | — | 20.3 | 24.4 | — | 30.1 | 21.0 | 25.1 | 27.7 |

表 5-18　气井二氧化碳泡沫压裂施工参数统计表（3）

| 井号 | S12 | S14 | S22 | S29 | Y43-9 | Y44-10 |
|---|---|---|---|---|---|---|
| 注入方式（油管） | 3½in | 3½in | 3½in | 3½in | 2⅞in | 2⅞in |
| 排量（m³/min） | 3.54 | 3.53 | 4.17 | 4.13 | 2.39 | 3.08 |
| 支撑剂体积（m³） | 21.6 | 24.5 | 40.0 | 38.7 | 17.0 | 35.0 |
| 压裂液体积（m³） | 78.24 | 141.62 | 229.5 | 181.4 | 99.3 | 168.8 |
| 二氧化碳体积（m³） | 61.8 | 95.68 | 114.9 | 102.0 | 53.5 | 90.5 |
| 泡沫质量（%） | 47.2 | 43.1 | 50.3 | 38.5 | 37.5 | 37.3 |
| 混合液/冻胶砂液比（%） | 29.52/47.8 | 21.52/35.2 | 24.13/35.0 | 25.4/34.9 | 25.1/39.7 | 27.66/38.8 |
| 施工压力（MPa） | 52 | 60.0 | 50.7 | 53.0 | 58.0 | 46.3 |
| 停泵压力（MPa） | — | 23.2 | 24.0 | 45.0 | — | 33.0 |

图 5-7 至图 5-9 列举了典型的二氧化碳泡沫压裂施工曲线，分别反映了变比例注入二氧化碳泡沫压裂、高渗透气层二氧化碳泡沫压裂和羧甲基羟丙基压裂液二氧化碳泡沫压裂的现场实施情况。

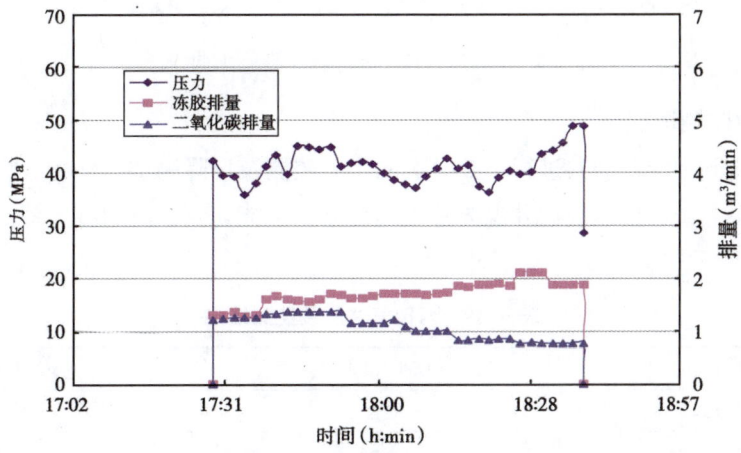

图 5-7　G34-12 井二氧化碳泡沫压裂压力排量曲线图

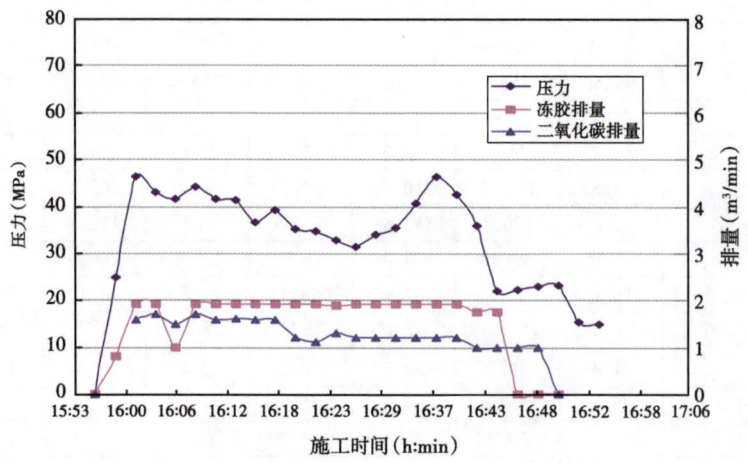

图 5-8　S6 井二氧化碳泡沫压裂压力排量曲线图（盒 8 段）

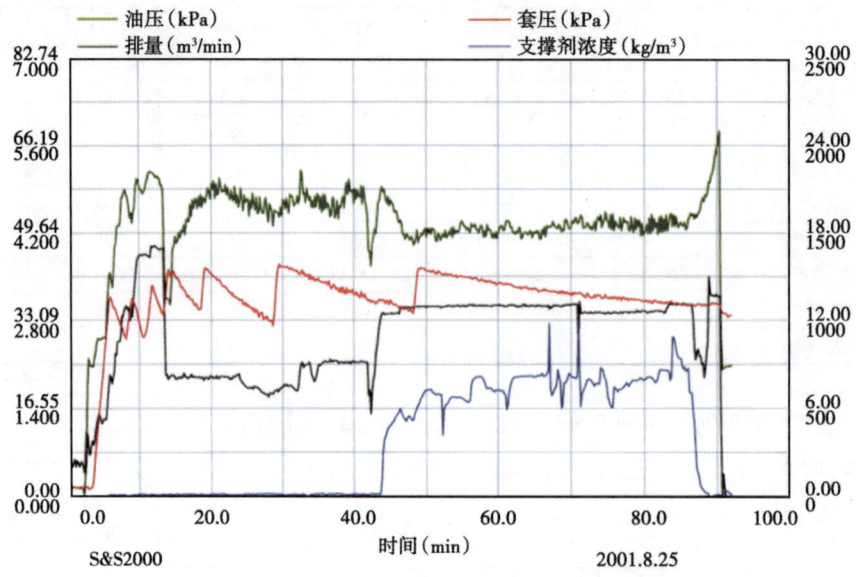

图 5-9　S22 井二氧化碳泡沫压裂施工曲线图

## （二）压力监测情况

气井二氧化碳泡沫压裂共进行了 2 井次的压力监测及压降测试，SH217 井还进行了压裂前、压裂后井温测试，但压裂后井温异常段不明显，可能与测试时间有关系；监测结果见表 5-19。

表 5-19　两口气井压裂监测结果

| 井号 | G34-12 井 | S217 井 |
|---|---|---|
| 监测方式 | 油管 | 油管 |
| 闭合压力（MPa） | 54.64 | 47.77 |

续表

| 井号 | G34-12 井 | S217 井 |
|---|---|---|
| 滤失效率（%） | 54.4 | 51.1 |
| 裂缝半长（m） | 169.2 | 157.7 |
| 平均缝宽（mm） | 15.37 | 15.34 |

从结果可以看出，压裂施工基本与设计相符。监测曲线如图 5-10 和图 5-11 所示。

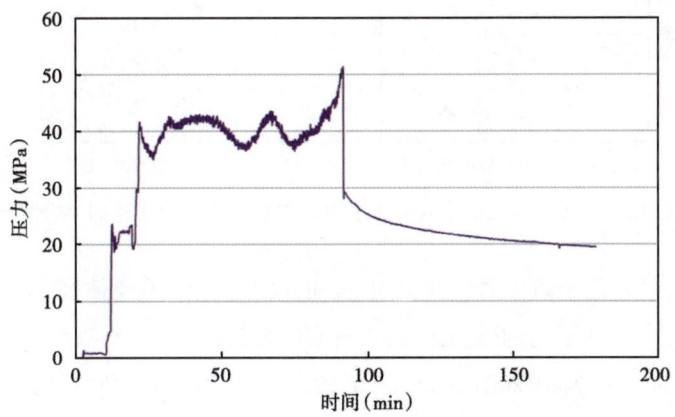

图 5-10　G34-12 井压力监测曲线图

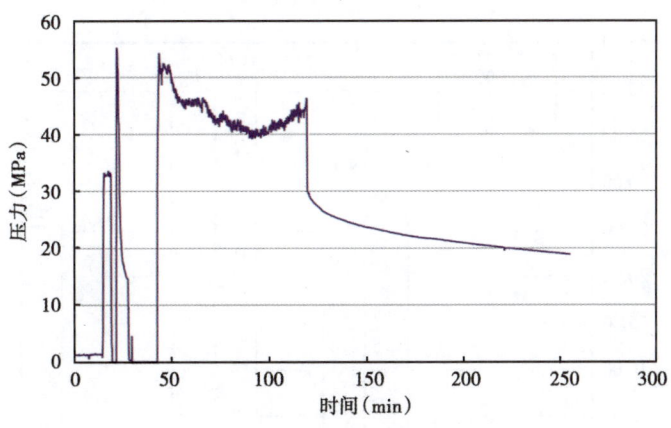

图 5-11　S217 井压力监测曲线图

## 四、气井二氧化碳泡沫压裂压后评估分析

### （一）压裂参数分析

本次气井二氧化碳泡沫压裂试验的施工参数水平在当时居国内之首，图 5-12 是将本次试验的平均井深和加砂量与试验前吉林合隆气田实施参数对比图，单井平均井深由 1350m 增加到 3029.6m，单井平均加砂量由 12m³ 提高到 27.4m³，说明施工参数水平有很大程度的

提升。

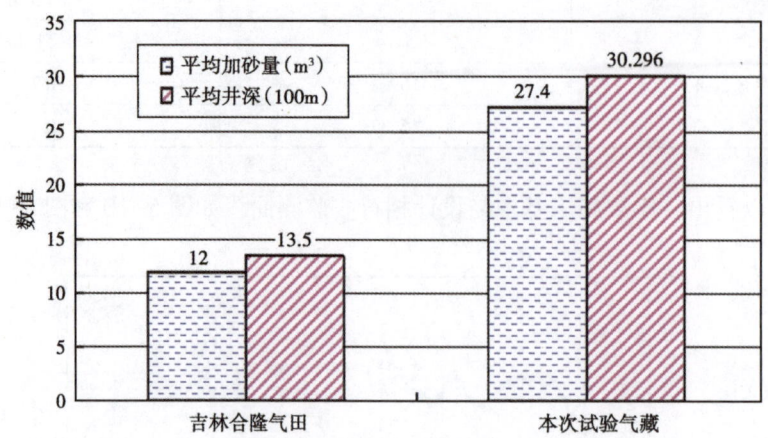

图 5-12　本次气井二氧化碳泡沫压裂与吉林合隆气田实施的参数对比图

从本次气井试验的两个阶段看,2001 年实施井的参数水平整体高于 2000 年实施井的参数水平（图 5-13）。单井平均加砂量由 2000 年的 26.57m³ 提高到 2001 年的 29.47m³，冻胶砂比由 2000 年的 41.66% 降到 2001 年的 38.57%，混合砂比由 2000 年的 23.47% 提高到 2001 年的 25.56%，说明二氧化碳泡沫压裂液的携砂性能有较大幅度的提升，施工工艺技术进一步成熟与提高。

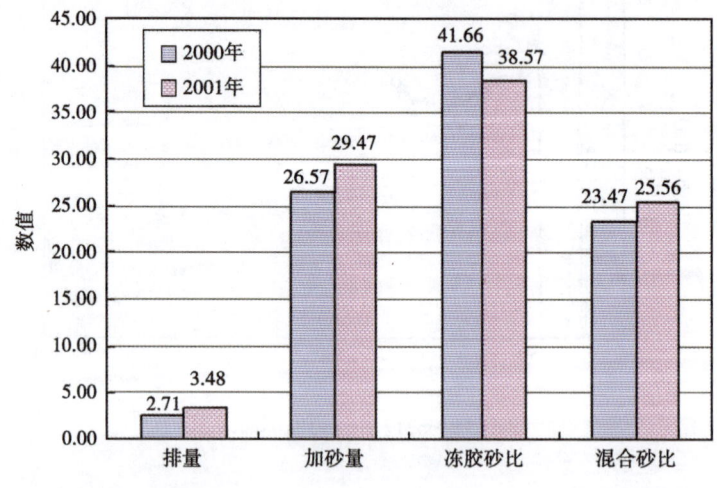

图 5-13　2000 年与 2001 年气井二氧化碳泡沫压裂参数的对比图

## （二）压裂摩擦阻力分析

影响压裂液摩擦阻力的因素较多，例如压裂液类型、注入方式、排量等。对于二氧化碳泡沫压裂液，泡沫质量的影响不容忽视。表 5-20 是对二氧化碳泡沫压裂井摩擦阻力的分析与统计。

表 5-20　气井二氧化碳泡沫压裂施工摩擦阻力分析表

| 井号 | 井深<br>(m) | 注入方式 | 排量<br>(m³/min) | 泡沫质量<br>(%) | 延伸压力<br>(MPa) | 停泵压力<br>(MPa) | 摩擦阻力<br>(MPa) | 相当于清水摩<br>擦阻力的百分比<br>(%) |
|---|---|---|---|---|---|---|---|---|
| S6（盒8段） | 3323.9 | 3½in 油管 | 3.1 | 45.5 | 41.5 | 16.5 | 25.0 | 57.8 |
| SH217 | 2790.0 | 3½in 油管 | 2.8 | 49.2 | 46.2 | 29.6 | 16.6 | 55.1 |
| G34-12 | 3516.0 | 3½in 油管 | 2.8 | 46.2 | 43.2 | 28.6 | 14.6 | 38.4 |
| Y18 | 2180.0 | 2½in 油管 | 2.5 | 51.1 | 43.2 | 17.6 | 25.6 | 48.8 |
| S6（山1段） | 3382.0 | 3½in 油管 | 2.3 | 61.3 | 45.0 | 26.8 | 18.2 | 71.8 |
| SH156 | 3038.0 | 3½in 油管 | 2.7 | 60.4 | 43.6 | 20.3 | 23.3 | 76.8 |

从结果可以看出，6口气井二氧化碳压裂的平均摩擦阻力系数为58.1%，而常规水基压裂液的摩擦阻力系数为30%，如评价井G4-5井采用水基压裂，其摩擦阻力为28.2%，说明二氧化碳压裂液的摩擦阻力系数高于常规水基压裂液。

从表5-20中还可以看出，二氧化碳泡沫压裂井的摩擦阻力，在施工条件基本相同的情况下，泡沫质量越大，施工的摩擦阻力越高，其原因是泡沫是气—液两相体系，与仅为一相的水基压裂液相比在流动中进一步增加了内摩擦力，流动阻力相应增大，摩擦阻力就越高。如SH217井和G34-12井，施工排量均为2.8m³/min，但SH217井的泡沫质量为49.2%，G34-12井的泡沫质量为46.2%，相差3%，但摩擦阻力系数相差16.7%。摩擦阻力系数高的两口井是S6井（山1段）和SH156井，其泡沫质量也高。如S6井（山$_1$段）的泡沫质量为61.3%，摩擦阻力系数为71.8%，SH156井的泡沫质量为60.4%，其摩擦阻力系数为76.8%。

### (三) 压裂后排液求产情况分析

气井二氧化碳泡沫压裂试验井的压裂排液及求产数据见表5-21所示。

表 5-21　气井二氧化碳泡沫压裂排液求产数据表

| 井号 | 层位 | 入井液量<br>(m³) | 返出液量<br>(m³) | 返排率<br>(%) | 有效排液时间<br>(h) | 无阻流量<br>(10⁴m³/d) |
|---|---|---|---|---|---|---|
| S6 | 盒8段 | 166.1 | 164.0 | 98.74 | 39.16 | 120.1632 |
| SH28 | 盒8段 | 149.4 | 115.2 | 77.11 | 21.0 | 56.2247 |
| SH156 | 盒8段 | 179.93 | 146.0 | 81.14 | 41.75 | 4.1894 |
| G34-12 | 山2段 | 178.93 | 334.3 | — | 96.0 | 水46m³/d；气97.5m³/d |
| S6 | 山1段 | 151.8 | 135.5 | 89.26 | 51.53 | 4.1052 |
| SH11 | 盒8段 | 189.8 | 169.5 | 89.30 | 72.08 | 7.6561 |
| SH217 | 山2段 | 180.84 | 128.8 | 71.22 | 18.83 | 15.3993 |
| Y18 | 盒8段 | 136.5 | 124.2 | 90.99 | 41.0 | 0.9016（井口产量）|

续表

| 井号 | 层位 | 入井液量 (m³) | 返出液量 (m³) | 返排率 (%) | 有效排液时间 (h) | 无阻流量 (10⁴m³/d) |
|---|---|---|---|---|---|---|
| SH242 | 盒8段 | 140.3 | 99.0 | 70.6 | 52.0 | 0.3356（井口产量） |
| G18-11 | 山2段 | 145.0 | 260.0 | 179 | 77.0 | 20.7594 |
| G01-9 | 盒9段 | 223.6 | 200.0 | 89.5 | 25.5 | 29.4776 |
| G23-4 | 盒9段 | 200.0 | 160.0 | 80.0 | 27.0 | 7.049 |
| G26-1 | 盒6段 | 179.96 | 173.5 | 96.4 | 57.8 | 0.0445 |
| S12 | 盒9段 | 167.08 | 184.0 | 110.1 | 154.0 | 0.82（井口），产水3m³/d |
| S14 | 盒9段 | 209.17 | 203.0 | 97.1 | 39.2 | 12.9（井口），产水3m³/d |
| S22 | 盒9段 | 292.5 | 266.0 | 90.9 | 128.0 | 5.0024 |
| S29 | 盒8段 | 223.5 | 204.5 | 91.5 | 58.5 | 7.9866（初算） |
| Y43-9 | 山2段 | 213.3 | 120.0 | 56.3 | 41.0 | 6.6142 |
| Y44-10 | 山2段 | 239.87 | 219.0 | 91.3 | 12.0 | 15.7598 |

从表5-21中可以分析二氧化碳泡沫压裂具有以下特点：

（1）排液能力强。天然气井二氧化碳泡沫压裂试验井与常规压裂井对比，连续排液能力也明显增强，有效排液时间短，一般为20~70h（常规水基压裂井平均80h以上），绝大多数井都能自喷排液，不需要抽汲助排等额外措施；只有个别产水的低产气井，由于抽汲助排措施使排液时间增长。

（2）返排率高。气井二氧化碳泡沫压裂试验井的压后返排率一般在90%以上，而常规水基压裂如果不伴注液氮的返排率在60%以下。

表5-22对比分析了某区块常规水基压裂和本次二氧化碳泡沫压裂试验井的排液情况。二氧化碳泡沫压裂后返排率为95.6%，只有1口井压裂后产水，且产量小于$1\times10^4m^3/d$的井不能完全自喷，需要抽汲助排措施的井占16.7%；同样规模情况下常规水基压裂且伴注一车液氮的返排率为90.3%，产量小于$4.5\times10^4m^3/d$的井不能完全自喷，需要抽汲助排措施的井占34.5%；若施工规模进一步加大且伴注两车液氮的返排率可降至72.5%，产量小于$5\times10^4m^3/d$的井不能完全自喷，需要抽汲助排措施的井占80%。

表5-22 气井压裂工艺及排液情况统计对比表

| 工艺类型 | 井数 | 入井液量 (m³) | 排出液量 (m³) | 返排率 (%) | 累计排液用时 (h) | 助排措施 | 备注 |
|---|---|---|---|---|---|---|---|
| 二氧化碳泡沫压裂（加砂规模20~40m³） | 6 | 201.7 | 192.9 | 95.6 | 191.6 | 1口井抽汲，占16.7% | 产水、且产量小于$1\times10^4m^3/d$的井不能完全自喷 |
| 常规水基压裂（加砂规模20~40m³，伴注一车液氮） | 23 | 256.9 | 231.9 | 90.3 | 237.2 | 8口井抽汲，占34.5% | 产量小于$4.5\times10^4m^3/d$的井不能完全自喷 |
| 大规模水基压裂（加砂规模60~100m³，伴注两车液氮） | 5 | 758.5 | 549.7 | 72.5 | 354.5 | 4口井抽汲，占80% | 产量小于$5\times10^4m^3/d$的井不能完全自喷 |

因此，二氧化碳泡沫压裂工艺与常规水基压裂工艺对比，具有返排率高、排液时间短、抽汲助排措施使用率低等特点。在有液氮助排的前提下，常规水基压裂排液时间仍然较长，且低产气井难以实现完全自喷，需要借助抽汲等辅助措施，当压裂规模加大时，这种现象表现得更为突出。

（3）压裂后初产高。本次二氧化碳泡沫压裂试验井压裂后达到工业气流标准的比例是73.7%，同期常规水基压裂井压后达到工业气流比例是62.5%，显然本次二氧化碳泡沫压裂试验井压裂后初产高，明显优于常规水基压裂工业气流比例（表5-23）。

表5-23　气井二氧化碳泡沫压裂与常规压裂测试对比分析表

| 对比项 | 测试井数（口） | 工业气流井数（口） | 占试气井数的比例（%） |
| --- | --- | --- | --- |
| 2000年以前常规水基压裂 | 148 | 80 | 54.1 |
| 2000—2001年常规水基压裂 | 80 | 50 | 62.5 |
| 2000—2001年二氧化碳泡沫压裂 | 19 | 14 | 73.7 |

### （四）二氧化碳泡沫压裂增产效果分析

本次气井二氧化碳压裂试验井分布区域较广，为便于对比分析和评价，可分为3个气区分别进行讨论，即Y区、W区和S区。

1. Y区压裂效果分析

Y区压裂试气结果分析表明，该区块常规水基压裂井的压裂试气产量与气层岩心分析参数相关性较强，与储能系数（孔隙度、含气饱和度、有效厚度三者之乘积）具有一定的对应趋势，但相关性相对较差。图5-14是Y区气层的压裂试气结果与岩心渗透率相关性交会图。

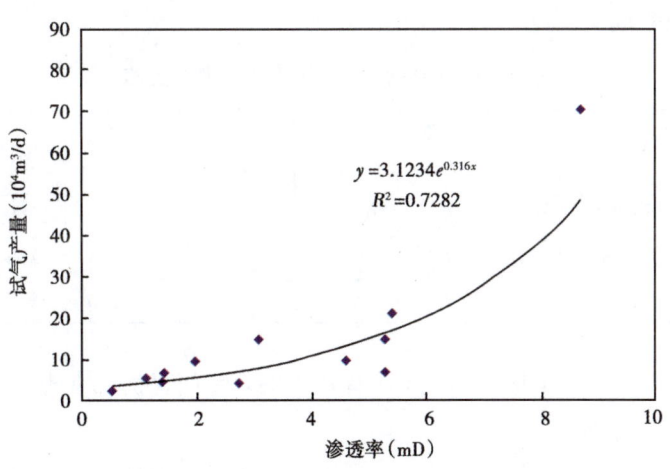

图5-14　Y区气层压裂后试气交汇图

Y区实施二氧化碳泡沫压裂试验井有SH217井、Y43-9井和Y44-10井3口井。鉴于SH217井具有岩心分析数据，可进行定量分析；而Y43-9井和Y44-10井只有测井解释数据，只宜进行定性对比。

SH217 井是本次二氧化碳泡沫压裂试验井，吸取油井二氧化碳泡沫压裂试验经验，加砂量比邻井有一定增加；其邻 SH214 井、SH215 井两口井均采用常规水基压裂，SH214 井是加混合支撑剂 24m$^3$（石英砂 14m$^3$、尾追陶粒 10m$^3$），SH215 井压裂加陶粒 20m$^3$。3 口井按图 5-14 上所得出的相关式进行推算，其结果见表 5-24。从预测值与实际值对比情况来看，两口常规水基压裂井实测产量均略低于预测值（低（1~2）×10$^4$m$^3$/d），而 SH217 井采用二氧化碳泡沫压裂实施后的实际产量比预测值高出 7×10$^4$m$^3$/d 以上，提高 86%，增产效果异常明显。

表 5-24  SH217 井与其邻井压裂效果对比表

| 井号 | 岩心渗透率<br>（mD） | 回归公式预测 $Q_{AOF}$<br>（10$^4$m$^3$/d） | 实际 $Q_{AOF}$<br>（10$^4$m$^3$/d） | 实际值-预测值<br>（10$^4$m$^3$/d） | 工艺措施 |
|---|---|---|---|---|---|
| SH217 | 3.0745 | 8.252 | 15.3993 | 7.1473 | 二氧化碳泡沫压裂，陶粒 28m$^3$ |
| SH214 | 2.6839 | 7.2938 | 4.4256 | -2.868 | 常规水基压裂，支撑剂（14+10）m$^3$ |
| SH215 | 6.366 | 23.3496 | 21.59 | -1.7596 | 常规水基压裂，陶粒 20m$^3$ |

Y43-9 井、Y44-10 井与邻井 Y45-10 井储层物性及压裂效果的对比结果见表 5-25。从中可以看出，试验井 Y43-9 井气层厚度 5.6m，邻井 Y45-10 井气层厚度 9.3m，厚度小了 66%，储能系数小了一半多，但压裂效果却明显占优，压裂后无阻流量高了一倍。按该区的试气规律，储能系数在 0.24m 时，常规水基压裂后试气产量一般小于 4×10$^4$m$^3$/d。而 Y44-10 井与 Y45-10 井对比，厚度差不多，但渗透率相差较大，由于含气饱和度较高，所以储能系数相差不大，但压裂后试气结果却差别很大，提高了近 12×10$^4$m$^3$/d 产量，说明二氧化碳泡沫压裂增产效果确实明显。

表 5-25  Y43-9 井与邻井压裂效果对比表

| 井号 | 层位 | 气层井段<br>（m） | 厚度<br>（m） | 储能系数<br>（m） | 基质渗透率<br>（mD） | 陶粒量<br>（m$^3$） | 压裂工艺 | 无阻流量<br>（10$^4$m$^3$/d） |
|---|---|---|---|---|---|---|---|---|
| Y43-9 | 山2段 | 2787.4~2793.0 | 5.6 | 0.2436 | 1.82 | 17.0 | 二氧化碳压裂 | 6.6142 |
| Y45-10 | 山2段 | 2726.7~2736.0 | 9.3 | 0.536 | 2.04 | 37.5 | 常规压裂 | 3.3681 |
| Y44-10 | 山2段 | 2785.5~2794.7 | 9.2 | 0.5499 | 0.38 | 35.0 | 二氧化碳压裂 | 15.034 |

结合前述的对比分析，Y 区二氧化碳泡沫压裂的效果明显优于常规水基压裂。

2. W 区压裂效果分析

该区域试验井较分散，井间跨距大，且大都为预探井，对比评价难度大。如 G18-11 井的产量是上下层合试结果，故无法进行对比分析。G34-12 井与其邻井 G34-13 井相比，虽然孔隙度、渗透率数据相近，但电阻较小且含水饱和度较大，构造较低（低 10m），压裂后产水量较大；G34-13 井压裂后气水同出，效果差不多。只有 SH28 井、G01-9 井和 SH11 井 3 口井可以和邻井进行对比分析，但 SH28 井、G01-9 井和 SH11 井压裂目的气层均没有岩心分析数据，只能用储能系数进行对比分析。

SH28 井与 SH99 井、SH231 井、SH232 井储层条件和压后效果对比结果见表 5-26。若将 SH28 井和 SH99 井对比，孔隙度和渗透率差不多，厚度小了 5.6m，含气饱和度稍高，储层系数分别为 0.618m、0.903m，低了近 46%，但压裂后无阻流量高了近 $9×10^4m^3/d$；若将 SH28 井与 SH231 井和 SH232 井对比，孔隙度差不多，但厚度、渗透率均有降低，含气饱和度稍高，储层系数分别为 0.618m、0.708m、0.606m，但压裂后无阻流量高了近 $32×10^4m^3/d$ 以上。SH28 井二氧化碳泡沫压裂后获无阻流量 $56.225×10^4m^3/d$，3 口对比井分别为 $45.635×10^4m^3/d$、$24.957×10^4m^3/d$ 和 $8.137×10^4m^3/d$，增产量最低也在 $10×10^4m^3/d$ 以上，可见 SH28 井二氧化碳压裂的增产效果优于其对比井的常规压裂。

表 5-26　W 区二氧化碳压裂与邻井常规压裂数据对比表（1）

| 井号 | 层位 | 气层井段（m） | 气层厚度（m） | 孔隙度（%） | 渗透率（mD） | 含气饱和度（%） | 工艺类型及规模 | 无阻流量（$10^4m^3/d$） |
|---|---|---|---|---|---|---|---|---|
| SH28 | 盒 8 段 | 3175.2~3183.1 | 7.1 | 10.7 | 1.099 | 81.3 | 二氧化碳泡沫压裂，陶粒 17.4m³ | 56.225 |
| SH99 | 盒 8 段 | 3362.0~3385.3 | 12.7 | 10.80 | 1.047 | 65.8 | 常规水基压裂，支撑剂（20+10）m³ | 45.635 |
| SH231 | 盒 8 段 | 3124.4~3146.6 | 9.9 | 10.7 | 1.239 | 66.8 | 常规水基压裂，支撑剂（18+10）m³ | 24.957 |
| SH232 | 盒 8 段 | 3146.6~3154.6 | 8.0 | 10.3 | 1.167 | 73.5 | 常规水基压裂，支撑剂（18+10）m³ | 8.137 |

G01-9 与 SH173 井储层条件和压后效果对比结果见表 5-27。其渗透率和含气饱和度低于对比邻井，储层系数分别为 1.017m 和 0.324m，压后无阻流量相差 $18×10^4m^3/d$，增产效果较显著。

表 5-27　W 区二氧化碳压裂与邻井常规压裂数据对比表（2）

| 井号 | 层位 | 气层井段（m） | 厚度（m） | 孔隙度（%） | 渗透率（mD） | 含气饱和度（%） | 工艺类型及规模 | 无阻流量（$10^4m^3/d$） |
|---|---|---|---|---|---|---|---|---|
| G01-9 | 盒 9 段 | 3038.0~3063.4 | 15.9 | 8.38 | 0.398 | 76.36 | 二氧化碳泡沫压裂，陶粒 35m³ | 29.478 |
| SH173 | 盒 9 段 | 3125.0~3130.6 | 5.6 | 6.93 | 0.650 | 83.53 | 常规水基压裂，支撑剂（14+10）m³ | 11.075 |

SH11 井与 SH168 井、SH149 井储层条件和压后效果对比结果见表 5-28。SH11 井和 SH168 井的孔隙度、含气饱和度差不多，但厚度要大，渗透率要高，储能系数分别为 0.623m、0.43m，压裂后无阻流量相差近 $3×10^4m^3/d$，有一定增产效果；SH11 井比 SH149 井的厚度和含气饱和度高，但渗透率低一倍，储能系数分别为 0.623m、0.579m，压裂后无阻流量相差 $3.5×10^4m^3/d$，增产效果较显著。

表 5-28　W 区二氧化碳压裂与邻井常规压裂数据对比表（3）

| 井号 | 层位 | 气层井段（m） | 厚度（m） | 测井解释参数 | | | 工艺类型及规模 | 无阻流量（$10^4 m^3/d$） |
| --- | --- | --- | --- | --- | --- | --- | --- | --- |
| | | | | 孔隙度（%） | 渗透率（mD） | 含气饱和度（%） | | |
| 陕 11 | 盒 8 段 | 2926.0~2937.0 | 9.2 | 9.1 | 1.28 | 74.4 | 二氧化碳泡沫压裂，陶粒 21.4$m^3$ | 7.656 |
| 陕 168 | 盒 8 段 | 2990.8~2997.3 | 6.6 | 9.03 | 0.32 | 72.2 | 常规水基压裂，支撑剂（5+7）$m^3$ | 4.793 |
| 陕 149 | 盒 8 段 | 2929.6~2946.7 | 7.1 | 13.3 | 2.813 | 61.3 | 常规水基压裂，支撑剂（14+5）$m^3$ | 4.106 |

总体上该区二氧化碳泡沫压裂在这类气层试验效果是明显的，与常规水基压裂对比单井多增产（3~30）×$10^4 m^3$/d 之间。

3. S 区压裂效果分析

S 区气井二氧化碳泡沫压裂进行了 5 口井 6 层次，由于层位及类型差异较多，无法一一对比分析评价。只评价压后产量最高的气井，即 S6 井（盒$_8$）。

S6 井是该气田初产最高的一口井，盒$_8$ 气层本身的条件较好，有一段（3.9m 气层）渗透率平均达 62.74mD，最大岩心渗透率 561mD。在此类气层成功地进行二氧化碳泡沫压裂，顺利实现控制滤失和成功加砂的目标，加陶粒 16.4$m^3$，压裂规模在国际上也是不多见的，岩心分析如表 4-6 所示。从测井曲线上看，压裂段上下还包括 3 个厚度 17.7m 的含气砂岩段，其测井曲线如图 4-1 所示。

岩心电镜扫描图如图 4-1 所示。岩心放大 200 倍时的微观结构可以看到岩心存在大量粒缘缝，缝宽为 5~10μm；放大 600 倍时的微观孔隙结构可以看到岩心存在大于 50μm 的孔隙，并有大量自生丝状伊利石。扫描电镜分析说明 S6 井（盒$_8$）的岩心孔隙较大并有粒缘缝，证明了岩心分析的孔渗参数比较准确。

该井射孔完井后，井口测试产量为 23.365×$10^4 m^3$/d，无阻流量为 50.142×$10^4 m^3$/d。二氧化碳泡沫压裂后获得井口产量 36.776×$10^4 m^3$/d，无阻流量 120.163×$10^4 m^3$/d，增产效果显著。虽然当时尚无井可与它直接对比，但该区常规水基压裂井的试气结果与气层数据具有一定的相关性，因此可按常规压裂试气结果的趋势线（相关式）进行分析，储能系数与产量的交会图如图 5-15 所示。

S6 井岩心得到的储能系数（$\phi \cdot H \cdot S_g$）为 0.832m，测井得到的储能系数为 0.717m，按图 5-15 所示的两种规律，可推出该井无阻流量最大能达到 94.664×$10^4 m^3$/d（岩心）。而采用二氧

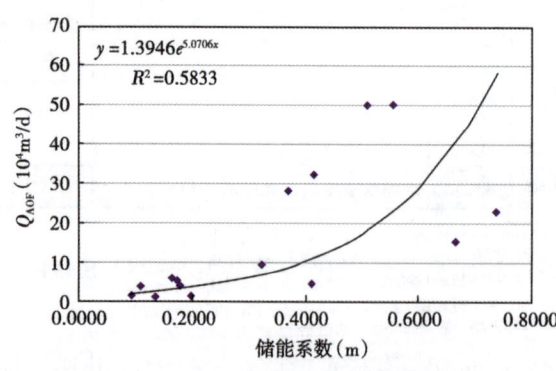

图 5-15　S 区盒$_8$ 气层岩心储能系数与 $Q_{AOF}$ 交会图（常规水基压裂井）

化碳压裂后获得的无阻流量为 120.163×10⁴m³/d，增加 25.5×10⁴m³/d。该井成功应用二氧化碳泡沫压裂并获得高产工业气流，由此发现了当时国内最大的致密砂岩气藏。

### 五、气井二氧化碳泡沫压裂试验认识

（1）通过气井二氧化碳泡沫压裂试验表明：充分利用已形成的二氧化碳泡沫压裂最新工艺技术，对我国西北低渗透、低压气藏进行二氧化碳泡沫压裂改造在工艺技术上是可行的，本次气井二氧化碳泡沫压裂工艺的试验是成功的。

（2）通过三类典型气井分析表明，Ⅰ类气井二氧化碳压裂后无阻流量增加 $25×10^4m^3/d$ 左右，Ⅱ类气井二氧化碳压裂后无阻流量平均增加 $10×10^4m^3/d$ 左右，Ⅲ类气井二氧化碳压裂后无阻流量平均增加 $3×10^4m^3/d$ 左右。Ⅰ类气井二氧化碳压裂效果好于Ⅱ类气井，Ⅱ类气井二氧化碳压裂效果好于Ⅲ类。因此，要优先选择部分物性较好含气特征明显的储层进行二氧化碳泡沫压裂，有利于最大限度地提高压后效果。

（3）针对西北低渗透、低压气藏的特征，使用二氧化碳泡沫压裂技术对于提高压后返排率、缩短排液时间、减少压裂液对地层的二次伤害的效果显著。随着气藏开发各个阶段的不断推进，地层压力的逐渐降低，实施二氧化碳泡沫压裂将有利于提高压裂后效果。

（4）对于渗透率为（0.5~1）mD、有效厚度为 10~20m、$Kh$ 值大于 10mD·m 左右、压力系数小于 0.85 甚至更低的低渗透（致密）、低压气藏，建议选择二氧化碳泡沫压裂施工，可充分发挥二氧化碳泡沫压裂特点，大幅降低水的用量，实现较高投入、获得更高产出的有效途经，是高效开发此类难动用储量的有效手段之一。

## 第三节 二氧化碳泡沫压裂试验评估分析

### 一、二氧化碳泡沫压裂技术评估

#### （一）本次二氧化碳泡沫压裂试验特点

综合分析油井和气井二氧化碳泡沫压裂试验，本次二氧化碳泡沫压裂试验具有以下特点：

**1. 施工成功率高**

本次二氧化碳泡沫压裂共进行了 3 口油井和 19 井次气井的压裂试验，排除设备故障因素，施工基本取得圆满成功，施工成功率90%以上。

**2. 施工参数水平大幅度提高**

通过对 3 口油井和 19 口气井的设计与施工的压裂参数对比分析，压裂施工参数均达到设计要求，单井压裂井深达到 3530m，单井施工混合砂液比达到 29.2%、冻胶砂液比达到 43%，单井加砂规模达到 $40m^3$，表明本次二氧化碳泡沫压裂工艺试验把国内二氧化碳泡沫压裂技术提高到了一个新水平。

### 3. 压裂后水化液返排率高，对地层伤害小

实施二氧化碳泡沫压裂的 19 口气井，其压裂液的返排率较以往氮气助排有明显提高；不但返排时间短，而且返排率较高。由于气井压裂液返排率不易计量，但本次压裂的 19 口井，产气井全部自喷见气，平均返排率达到 90%；其中，S 区平均返排率达到 95.6%。说明二氧化碳泡沫压裂大大提高压裂后残余液的返排率，减少了对地层的伤害。

### 4. 施工摩擦阻力高

二氧化碳泡沫压裂在目前压裂液体系的条件下表现出压裂施工摩擦阻力较高的特点，3 口油井二氧化碳泡沫压裂的平均摩擦阻力为 42.7%，统计的 6 口气井二氧化碳泡沫压裂的平均摩擦阻力系数为 58.1%；而常规水基压裂液的摩擦阻力系数一般为 30%~40%，说明二氧化碳泡沫压裂液的摩擦阻力系数高于常规水基压裂液。但经过变管柱设计和变泡沫质量的优化设计，可以达到设计排量和携砂要求。

### 5. 压裂后增产效果显著

本次二氧化碳泡沫压裂试验中，油井压后测试产量平均日产油量 27.7t/d，是邻井产量的 2 倍；气井压裂后无阻流量平均 $22.2 \times 10^4 m^3/d$，是邻井产量的 1.5~2 倍。压裂的 19 口气井，14 口井均达到工业气流标准，占统计井中的 73.7%，高于本项目开展前常规水基压裂试气比例的 54.1%，也高于同时期的常规水基压裂试气比例的 62.5%。因此，本次二氧化碳泡沫压裂的压裂后效果要比常规水基压裂的压裂后效果好。

## （二）本次二氧化碳泡沫压裂试验主要研究成果

（1）二氧化碳泡沫压裂试验井压裂后全部自喷见气，快速返排效果十分明显。S6 井（盒$_8$层位）压裂后无阻流量达到 $120 \times 10^4 m^3/d$，取得了较好的增产效果，进一步深化了对我国西北地区低渗透、低压气藏特征的认识。

（2）研制开发了酸性压裂液体系，提高了二氧化碳泡沫压裂液的流变性能，完善了国内低伤害压裂液体系，初步建立了我国低渗透油气田二氧化碳增能压裂配套技术系统。

（3）提高了我国二氧化碳泡沫压裂技术水平，完善和提高了国内复杂油气藏多元化合理改造技术和工艺方法。不仅使二氧化碳泡沫压裂的平均井深从研究前的 2000m 以内增加到 3530m，而且使二氧化碳泡沫压裂的加砂规模从研究前的 15~20m$^3$ 增加到 40m$^3$，大幅度提高了我国二氧化碳泡沫压裂设计施工规模及参数水平。

## （三）本次二氧化碳泡沫压裂试验主要技术体系

通过三年的室内研究和现场试验，发展与创新性地形成了一套适合我国低渗透、低压气藏的二氧化碳泡沫压裂技术体系。该项技术不仅对低渗透、低压气藏的高效且合理开发中发挥了积极作用，而且对国内其他地区的低压、水敏油气藏的合理改造具有积极的推动作用。形成的主要配套技术体系包括以下几个方面。

### 1. 二氧化碳泡沫压裂发泡条件分析及实验研究技术

根据二氧化碳泡沫压裂特点，研究了二氧化碳的相态变化、发泡条件及相应的实验研究技术，研究二氧化碳泡沫压裂液在泵注和停泵两个阶段中，经过井筒和地层裂缝两种条件下

的温度场的变化,分析研究二氧化碳泡沫压裂液相态变化,认识了二氧化碳泡沫压裂流变性能。结合岩心X射线衍射、扫描电镜、孔—渗实验、地应力剖面等技术,充分认识地层特征,选择具有明显含油气特征显示、具有一定厚度的储层进行压裂改造,增产效果显著。

2. 二氧化碳泡沫压裂优化设计技术

采用三维二氧化碳泡沫压裂设计软件,根据施工情况优选施工方案,提高了施工成功率和施工水平。采用变泡沫质量和内相恒定的工艺技术,在一定程度上提高了施工砂液比和施工规模。二氧化碳的比例由前置液至携砂液逐渐降低:50%→45%→42%→35%→30%。

3. 二氧化碳泡沫压裂优化施工技术

现场施工时采用了以下3项优化施工的工艺方法,提高了施工成功率。

(1) 优化管柱结构,降低了施工摩擦阻力。压裂管柱由 $2\frac{7}{8}$in 调整为 $3\frac{1}{2}$in,或采用 $2\frac{7}{8}$in+$3\frac{1}{2}$in 的复合管柱,降低了施工摩擦阻力,从而降低了施工压力。

(2) 适当提高了稠化剂浓度(稠化剂浓度由0.6%提高到0.7%),在一定程度上提高了基液黏度,有利于压裂液的携砂。

(3) 根据施工情况进行多方案优选。因试验的气井是目前国内二氧化碳泡沫压裂的最深井,设计时进行了多方案准备:若施工正常,则执行方案1;若压力较低,则执行方案2;若压力超过55MPa,则执行方案3。

4. 酸性交联技术

研制和开发了酸性交联剂,采用酸性交联压裂液体系,优选和控制二氧化碳地面伴注比例,研发专用起泡剂具良好稳泡性,满足了设计要求的泡沫质量,提高了二氧化碳泡沫压裂液的流变性能,其压裂液具低滤失量、流变性能好、携砂能力强等特点。

5. 二氧化碳泡沫压裂适应性研究及综合评价分析技术

通过对二氧化碳泡沫压裂的井层条件分析和压后效果分析,研究了二氧化碳泡沫压裂在低渗透、低压气藏中的适应性,采用经验回归和储能系数交会法评价本次二氧化碳泡沫压裂压裂后效果,可对比性强,单井施工深度最深3526m,单井加砂量最大40m$^3$,单井平均砂比最高29.52%,单井平均泡沫质量最高58.7%,单井增产量最高 $70\times10^4$m$^3$/d(无阻流量),平均单井产量增加50%以上。

## 二、二氧化碳泡沫压裂技术的经济评估

### (一) 二氧化碳泡沫压裂试验成本测算

1. 初期试验成本测算

由于当时国内只有东北地区有一套二氧化碳压裂专用设备,在西北某气田进行二氧化碳泡沫压裂试验时只能租用东北地区的设备。因此,设备需长途调遣,且在施工过程中停工、窝工较多。同时,由于在陕西省只有兴平化工厂的用于食品工业的高纯度二氧化碳,二氧化碳价格高,运输距离长。因此,试验用二氧化碳泡沫压裂成本相对较高,平均每口井比常规水基压裂费用增加58.5万元,包括设备调遣费9.5万元,二氧化碳运费、窝工费和作业费

29万元,井下公司二氧化碳材料费和辅助作业费26万元,还要扣除常规水基压裂液氮伴注费用6万元。

2. 后期规模应用成本测算

前期试验结束后,该气田井下公司已从美国引进了2台二氧化碳压裂车和1台二氧化碳供液泵车;并在国内配套二氧化碳运液罐车。因此,后期规模应用时再开展二氧化碳泡沫压裂就不用再租用东北地区的二氧化碳压裂专用设备,因此每口井可以减少设备调遣费和窝工费16.5万元。另外,通过多家竞标可将二氧化碳液体价格由之前的1250元/t降至950元/t,再通过减少代购等中间管理成本,二氧化碳泡沫压裂每口井比常规水基压裂增加的费用可降低至39万元。

下步若能在气田所属地的净化厂利用天然气尾气生产二氧化碳液体,材料费还可再下降300~400元/t,同时运输费用也可降低5万元左右,即可将二氧化碳泡沫压裂比常规水基压裂增加的费用降至30万元以内。

### (二)二氧化碳泡沫压裂试验经济评价

1. 按天然气井口气价0.58元/$m^3$测算

根据上述增加的费用,并按当时天然气井口气价0.58元/$m^3$测算,分1个月、3个月、6个月收回所增加的费用,计算所应该增产天然气产气量见表5-29。

表5-29 二氧化碳泡沫压裂增加费用与增加产量测算结果表(气价0.58元/$m^3$)

| 二氧化碳泡沫压裂所增加费用(万元) | 井口气价(元/$m^3$) | 投资回收期(d) | 所需增产气量($m^3$/d) |
|---|---|---|---|
| 58.5 | 0.58 | 180 | 5600 |
|  |  | 90 | 11200 |
|  |  | 30 | 33600 |
| 39.0 | 0.58 | 180 | 3800 |
|  |  | 90 | 7500 |
|  |  | 30 | 22500 |
| 30.0 | 0.58 | 180 | 2900 |
|  |  | 90 | 5800 |
|  |  | 30 | 17300 |

由表5-29可以看出,虽然二氧化碳泡沫压裂试验初期成本比常规水力压裂增加了58.5万元,但6个月以后只要能多增产5600$m^3$/d天然气也可获得经济效益。而随着增加的成本逐渐下降至30万元时,6个月以后只要能多增产2900$m^3$/d天然气就有经济效益,甚至3个月后只要能多增产5800$m^3$/d天然气就有经济效益,且效益将进一步有所增加。

2. 按天然气井口气价1.08元/$m^3$测算

根据上述增加的费用,若按后来天然气井口气价1.08元/$m^3$测算,分1个月、3个月、6个月收回所增加的费用,计算所应该增产天然气产气量见表5-30。

表 5-30　二氧化碳泡沫压裂增加费用与增加产量测算结果表（气价 1.08 元/m³）

| 二氧化碳泡沫压裂所增加费用<br>（万元） | 井口气价<br>（元/m³） | 投资回收期<br>（d） | 所需增产气量<br>（m³/d） |
| --- | --- | --- | --- |
| 58.5 | 1.08 | 180 | 3100 |
|  |  | 90 | 6100 |
|  |  | 30 | 18100 |
| 39.0 | 1.08 | 180 | 2100 |
|  |  | 90 | 4100 |
|  |  | 30 | 12100 |
| 30.0 | 1.08 | 180 | 1550 |
|  |  | 90 | 3100 |
|  |  | 30 | 9300 |

由表 5-30 可以看出，天然气井口气价提高了之后，虽然二氧化碳泡沫压裂试验初期成本比常规水力压裂增加了 58.5 万元，但 6 个月以后只要能多增产 3100m³/d 天然气就可获得经济效益。而随着增加的成本逐渐下降至 30 万元时，6 个月以后只要能多增产 1550m³/d 天然气就有经济效益，甚至 3 个月后只要能多增产 3100m³/d 天然气就有经济效益，即使要求 1 个月回收也只要求能多增产 9300m³/d 天然气就有经济效益。显然经济效益将进一步增加。

根据二氧化碳泡沫压裂试验井效果对比分析，通过选井选层优化，每口井增产 3100~5600m³/d 天然气是完全可以实现的，这样能保证在 6 个月内收回增加的成本投资。因此，对西北地区低压、低渗透气藏采用二氧化碳泡沫压裂，不仅在技术上是可行的，在经济上也可获得较好效益。

## 参 考 文 献

陈彦东，卢拥军，等．$CO_2$泡沫压裂液的流变特性研究．钻井液与完井液，2000，17（2）：25-27．

陈彦东，卢拥军，马达波，等．$CO_2$泡沫压裂液化学及流变特性．北京：中国科学技术大学出版社，2002：246-249．

丁云宏，丛连铸．$CO_2$泡沫压裂液的研究与应用．石油勘探与开发，2002，29（4）：103-105．

高合明，刘建东，沈露禾．深部地应力测试技术及其在钻井工程中的应用．北京：中国科学技术大学出版社，2002：60-63．

侯守信，田国荣．古地磁岩心定向及其在地应力测量上的应用．北京：中国科学技术大学出版社，2002：64-70．

康德泉．泡沫液将成为90年代水力压裂的重要用液．石油情报，1992，（24）：1-5．

廖传华，黄振仁．超临界$CO_2$流体萃取技术．北京：化学工业出版社，2004．

林英姬，杨贵兴，等．二氧化碳泡沫压裂技术．吉林石油科技，2000，19（1）：40-49．

刘光启，马连湘，刘杰．化学化工物性数据手册（无机卷）．北京：化学工业出版社，2002．

刘天祥，译．采用$CO_2$泡沫压裂的方法提高天然气的产量．世界石油科技之窗，1987，（8）：83-96．

卢拥军，舒玉华，江体乾，等．泡沫压裂液的起泡与稳泡特性分析．北京：中国科学技术大学出版社，2002：259-263．

路大凯，张伟，等．适于低渗透油气田开发的二氧化碳压裂技术．吉林石油科技，1998，17（2）：28-31．

王海柱．超临界$CO_2$钻井井筒流动模型与携岩规律研究．北京：中国石油大学（北京）石油工程学院，2011．

王鸿勋，李平．水力压裂过程中井筒温度的数值计算方法．石油学报，1987，02（2）：91-99．

王晓泉，陈作，姚飞．水力压裂技术现状及发展展望．钻采工艺，1998，21（3）：28-32．

王晓泉，王振铎，卢拥军，等．$CO_2$泡沫压裂技术理论研究与实践．油气藏改造技术新进展．北京：石油工业出版社，2004：25-28．

王晓泉，王振铎，卢拥军，等．压裂液流变性能对水力压裂裂缝几何尺寸的影响．北京：中国科学技术大学出版社，2002：317-322．

王晓泉，王振铎，卢拥军．全三维压裂设计软件在超深井压裂设计中的应用．天然气工业，1999，19（6）：60-62．

王晓泉，王振铎．气井水力压裂技术现状及展望．天然气勘探与开发，1997，20（3）：13-17，33．

王振铎，王晓泉，卢拥军．二氧化碳泡沫压裂技术在低渗透低压气藏中的应用．石油学报，2004，25（3）：66-70．

吴水珍，译．用泡沫二氧化碳作水力压裂介质改造致密、含粘土砂岩天然气藏．世界石油科技之窗，1987，（8）：21-34．

俞绍诚，等著．压裂酸化工艺技术（采油技术手册第九分册）．北京：石油工业出版社，1998．

张保平，方竟，丁云宏，等．用Mohr-Coulomb破坏准则预测最小主应力的实验方法．石油勘探与开发，2003，30（6）：89-91．

张新民，李永平，苏扬．中石油完成国内最大规模"无水压裂"作业．中国石油新闻中心（news.cnpc.com.cn），2015-9-8．

（美）克林斯（klins, M. A）著；程绍进译. 二氧化碳驱油机理及工程设计. 北京：石油工业出版社，1989.

$CO_2$ 压裂技术取得重大突破. 中国压裂论坛（bbs fracchina.com）. 2015-9-28.

Gidley J L 等，著；蒋阗，单文文等，译. 水力压裂技术新发展. 北京：石油工业出版社，1995.

Sporker H. F. 用来测定泡沫压裂液井下动流变性的系统设计. SPE 66th Ann. Tech. Conf. Exhib, Dallas, Tex, 1991.

Anamika Gupta. Feasibility of supercritical carbon dioxide as a drilling fluid for deep underbalanced drilling operations. Louisiana：Louisiana State University，2006.

Craft J R, Waddell S P. Mcfatridge D G. $CO_2$-Foam Fracturing with Methanal Successfully Stimulates. SPE Production Engineering/SPE20119. 1992.

Darshan K, Sethi. Well Log Applications in Rock Mechanics. SPE 9833, 1985.

Eaton, B. A. Fracture Gradient Prediction and Its Application in Oilfield Operations. J. Pet Tech, 1969.

Economides M J, Nolte, K. G.：Reservoir Stimulation（Third edtion）. John Wiley and Sons, Ltd. 2000.

Geir Hareland, Ramesh Harikrishnan. Comparison and Verification of Electric-Log-Derived Rock Stresses and Rock Stresses Determined From Mohr's Failure Envelope. SPE26948, 1993：477-483.

Gidley J L et al. Stimulation of Low-permeability gas formation by Massive Hydraulic Fracture-A steady of Well Performance. JPT, 1979. 525-531.

Gupta A P, Gupta A, Langlinais J. Feasibility of supercritical carbon dioxide as a drilling fluid for deep underbalanced drilling operation. SPE 96992, 2005.

Hareland G, Rampersad P R. Hydraulic Fracturing Design Optimization in Low-Permeability Gas Reservoirs. SPE 27033, 1994.

Harikrishnan R, Hareland G. Prediction of Minimum Principal in-situ Stress by Comparison and Verification of Four Methods. SPE29258, 1995.

Harris P C, Bailey D E, Gary Evertz, et al. Stimulation Results in the Low-Permeability Wasatch Formation：An Evolution to Foam Fracturing. SPE11837, 1984.

Harris P C, Donald E. Klebenow, and D. Pat Kundert. Constant- lnternal-Phase Design Improves Stimulation Results. SPE 17532, 1991.

Harris P C. Application of Foam Fluids To Minimize Damage During Fracturing. SPE 22394, 1992.

Juranek T A, Llewellyn M T, Drescher G P, et al. Minifracture Analyses and Stimulation Treatment Results for $CO_2$-Energized Fracturing Fluids in South Texas Gas Reservoirs. SPE20706, 1990.

King S R. Liquid $CO_2$ for the Stimulation of Low-Permeability Reservoirs. SPE/DOE 11616, 1983.

King S R. Liquid $CO_2$ for Stimulation of Low-Permeability Reservoirs. SPE 11616, 1983.

Michael J. E, Daniel H A, Christine Ehlig-Economides. Petroleum Production Systems. Prentice-Hall PTR, 1994.

Newberry, B. M. Nelson, R. F. Ahmed, U. Prediction of Vertical Hydraulic Fracture Migration Using Compressional and Shear Wave Slowness. SPE13895, 1985.

Phillips AM, Coachman D D, Wilke J G. Successful Field Applica- tion of High-Temperature Rheology of $CO_2$ Foam Fracturing Fluids. SPE/DOE 16416, 1987.

Raymond L. Johnson. The Application of Hydraulic Fracturing Models to Characterize Fracture Treatments in the Brushy Canyon Formation, Delaware Group, Eddy County, New Mexico. SPE 35195, 1996.

Romero J, Mack M G, Elbel J L. Theoretical Model and Numerical Investigation of Near-Wellbore Effects in Hydraulic Fracturing. SPE 30506, 1995.

U. Ahmed, M. E. Markly. Enhanced In-situ Stress Profiling Using Microfrac, Core, and Sonic Logging Data. SPE 19004, 1985.

Veatch R W Jr. et al. An Overview of Recent Advances in Fracturing Technology. SPE14085, 1985.

Warnock W E, Harris P C and King D S. Successful Field Applications of $CO_2$ Foam Fracturing Fluids in the Aek-La-Tex Region. SPE 11932, 1985.

Warnock W E, Harris P C, King D S. Successful Field Appli cations. of $CO_2$-Foam Fracturing Fluids in the Arkansas-Louisiana-Texas Region. SPE11932, 1985.

Yves Bernabe. The Effective Pressure Law for Permeability During Pore Pressure and Confining Pressure Cycling of Several Crystalline Rocks. Journal of Geophysical Research, 1987, 92 (81): 649-657.